이번 학기 공부 습관을 만드는 첫 연산 책!

새 교육과정 반영

바쁜 친구들이 즐거워지는
빠른 학습법

바빠
교과서
연산
4-1

"우리 아이가
끝까지 푼 책은
이 책이 처음이에요."
— 학부모 후기 중

작은 발걸음 방식 문제 배치, **전문가의 연산 꿀팁** 가득!

이지스에듀

지은이 | 징검다리 교육연구소

징검다리 교육연구소는 바쁜 친구들을 위한 빠른 학습법을 연구하는 이지스에듀의 공부 연구소입니다.
아이들이 기계적으로 공부하지 않도록, 두뇌가 활성화되는 과학적 학습 설계가 적용된 책을 만듭니다.
이 책을 함께 개발한 **강난영 선생님**은 영역별 연산 훈련 교재로, 연산 시장에 새바람을 일으킨 《바쁜
5·6학년을 위한 빠른 연산법》,《바쁜 중1을 위한 빠른 중학연산》,《바쁜 초등학생을 위한 빠른
구구단》을 기획하고 집필한 저자입니다. 또한 20년이 넘는 기간 동안 디딤돌, 한솔교육, 대교에서
초중등 콘텐츠를 연구, 기획, 개발했습니다.

바빠 교과서 연산 시리즈(개정판)

바빠 교과서 연산 4-1

(이 책은 2019년 2월에 출간한 '바쁜 4학년을 위한 빠른 교과서 연산 4-1'을 새 교육과정에 맞춰 개정했습니다.)

초판 1쇄 인쇄 2025년 2월 25일
초판 1쇄 발행 2025년 2월 25일
지은이 징검다리 교육연구소
발행인 이지연   펴낸곳 이지스퍼블리싱(주)
출판사 등록번호 제313-2010-123호   제조국명 대한민국
주소 서울시 마포구 잔다리로 109 이지스 빌딩 5층(우편번호 04003)
대표전화 02-325-1722   팩스 02-326-1723
이지스퍼블리싱 홈페이지 www.easyspub.com   이지스에듀 카페 www.easysedu.co.kr
바빠 아지트 블로그 blog.naver.com/easyspub 인스타그램 @easys_edu
페이스북 www.facebook.com/easyspub2014   이메일 service@easyspub.co.kr

기획 및 책임 편집 김현주 | 박지연, 정지희, 정지연, 이지혜   표지 및 내지 디자인 손한나, 김세리
일러스트 김학수, 이츠북스   전산편집 이츠북스 인쇄 js프린팅 독자 지원 박애림, 김수경
영업 및 문의 이주동, 김요한(support@easyspub.co.kr)   마케팅 라혜주

ISBN 979-11-6303-677-7
ISBN 979-11-6303-581-7(세트)
가격 11,000원

• **이지스에듀**는 이지스퍼블리싱(주)의 교육 브랜드입니다.
(이지스에듀는 학생들을 탈락시키지 않고 모두 목적지까지 데려가는 책을 만듭니다!)

이 책을 보는 친구들과 학부모님께

공부 습관을 만드는 첫 번째 연산 책!
이번 학기에 필요한 연산은 이 책으로 완성!

 이번 학기 연산, 작은 발걸음 배치로 막힘없이 풀 수 있어요!

'바빠 교과서 연산'은 이번 학기에 필요한 연산만 모아 똑똑한 방식으로 훈련하는 '학교 진도 맞춤 연산 책'이에요. **실제 학교에서 배우는 방식으로 설명**하고, 작은 발걸음 방식(small-step)으로 문제가 배치되어 막힘없이 풀게 돼요. 여기에 이해를 돕고 실수를 줄여 주는 꿀팁까지! 수학 전문학원 원장님에게나 들을 수 있던 '바빠 꿀팁'과 책 곳곳에서 알려주는 빠독이의 힌트로 쉽게 이해하고 문제를 풀 수 있답니다.

 산만해지는 주의력을 잡아 주는 이 책의 똑똑한 장치들!

이 책에서는 자릿수가 중요한 연산 문제는 모눈 위에서 정확하게 계산하도록 편집했어요. **또 4학년 친구들이 자주 틀린 문제는 '앗! 실수' 코너로 한 번 더 짚어 주어 더 빠르고 완벽하게 학습**할 수 있답니다.

그리고 각 쪽마다 집중 시간이 적힌 목표 시계가 있어요. 이 시계는 속도를 독촉하기 위한 게 아니에요. 제시된 시간은 딴짓하지 않고 풀면 4학년 어린이가 충분히 풀 수 있는 시간입니다. 공부할 때 산만해지지 않도록 시간을 측정해 보세요. 집중하는 재미와 성취감을 동시에 맛보게 될 거예요.

 엄마들이 감동한 책 – '우리 아이가 처음으로 끝까지 푼 문제집이에요!'

이 책은 아직 공부 습관이 잡히지 않은 친구들에게도 딱이에요! 지난 5년간 '바빠 교과서 연산'을 경험한 학부모님들의 후기를 보면, '아이가 직접 고른 문제집이에요.', '처음으로 끝까지 다 푼 책이에요!', '연산을 싫어하던 아이가 이 책은 재밌다며 또 풀고 싶대요!' 등 아이들의 공부 습관을 꽉 잡아 준 책이라는 감동적인 서평이 가득합니다.

이 책을 푼 후, 학교에 가면 **수학 교과서를 미리 푼 효과로 수업 시간에도, 단원평가에도 자신감**이 생길 거예요. 새 교육과정에 맞춘 연산 훈련으로 수학 실력이 '쑤욱' 오르는 기쁨을 만나 보세요!

'바빠 교과서 연산' 이렇게 공부하세요!

1단계   필수 개념 정리

수학 교과서 핵심 개념만 쏙쏙 골라 담았어요!

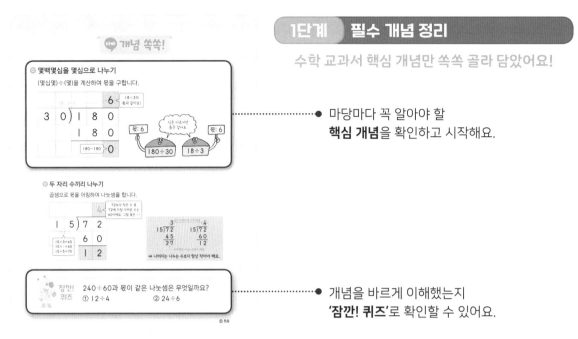

● 마당마다 꼭 알아야 할
핵심 개념을 확인하고 시작해요.

● 개념을 바르게 이해했는지
'잠깐! 퀴즈'로 확인할 수 있어요.

2단계   체계적인 연산 훈련 작은 발걸음 방식(small step)으로 차근차근 실력을 쌓아요.

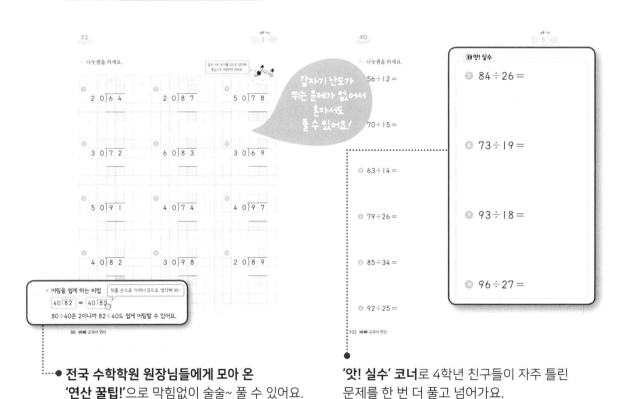

●⋯ **전국 수학학원 원장님들에게 모아 온**
'연산 꿀팁!'으로 막힘없이 술술~ 풀 수 있어요.

⋯● **'앗! 실수' 코너**로 4학년 친구들이 자주 틀린
문제를 한 번 더 풀고 넘어가요.

기초 문장제와 재미있는 연산 활동으로 수 응용력을 키워요!

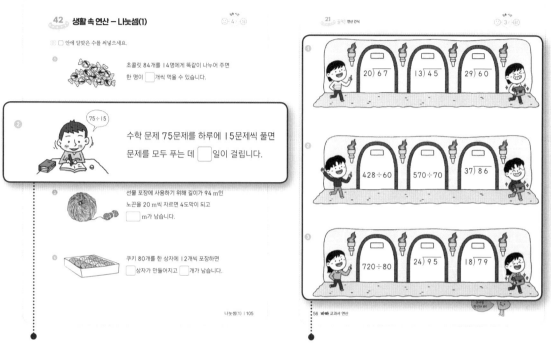

'생활 속 기초 문장제'로 서술형의 기초를 다져요.

그림 그리기, 선 잇기 등 **'재미있는 연산 활동'**으로 **수 응용력**과 **사고력**을 키워요.

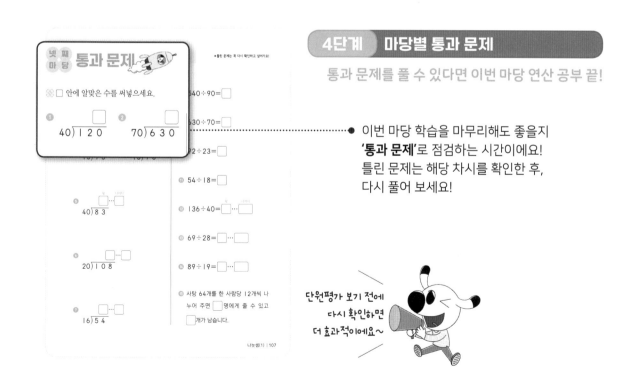

통과 문제를 풀 수 있다면 이번 마당 연산 공부 끝!

이번 마당 학습을 마무리해도 좋을지 **'통과 문제'**로 점검하는 시간이에요! 틀린 문제는 해당 차시를 확인한 후, 다시 풀어 보세요!

단원평가 보기 전에 다시 확인하면 더 효과적이에요~

 **차례**

바빠 교과서 연산 4-1

📘교과서 **큰 수**

· 만 알아보기

· 다섯 자리 수 알아보기

· 십만, 백만, 천만 알아보기

· 억, 조 알아보기

· 뛰어 세기

· 크기 비교하기

지도 길잡이 다섯 자리 수 이상의 큰 수를 배웁니다. 큰 수가 나오면 먼저 4자리씩 끊고 생각하도록 지도해 주세요. 초등 수학에서 수를 다루는 마지막 단원입니다. 자릿값의 이해가 부족하다면 2학년 2학기 때 배웠던 네 자리 수의 개념을 다시 확인하게 해 주세요.

📘교과서 **각도**

· 각의 크기 비교하기

· 각도의 합 구하기

· 각도의 차 구하기

· 삼각형의 세 각의 크기의 합 구하기

· 사각형의 네 각의 크기의 합 구하기

지도 길잡이 각도의 합과 차는 자연수의 덧셈과 뺄셈과 원리가 같기 때문에 아이들이 쉽게 풀어 갑니다. 하지만 삼각형과 사각형의 내각의 크기의 합을 이해하는 것은 어려울 수 있으니 집에서 각도기로 직접 재어 보면 원리를 이해하는 데 도움이 됩니다.

📘교과서 **곱셈과 나눗셈**

· (세 자리 수)×(몇십)

· (세 자리 수)×(몇십몇)

지도 길잡이 곱하는 수가 두 자리 수인 곱셈을 배웁니다. 곱하는 수가 커지면 계산 과정이 복잡해져 아이들이 지칠 수 있습니다. 적절한 학습량과 격려를 통해 아이들이 꾸준히 연습할 수 있도록 지도해 주세요.

예습하는 친구는 하루 한 장 5분씩,
복습하는 친구는 하루 두 장 10분씩 공부하면 좋아요!

교과서 곱셈과 나눗셈
· (몇백몇십)÷(몇십)
· (두 자리 수)÷(몇십)
· (세 자리 수)÷(몇십)
· (두 자리 수)÷(두 자리 수)

지도 길잡이 나누는 수가 두 자리 수인 나눗셈을 배웁니다. 많은 아이들이 나눗셈을 어려워하는 이유는 몫을 어림하는 과정 때문입니다. 나누는 수를 몇십으로 바꾸어 어림하면 더 쉽다고 알려주세요. 수를 단순하게 바꾸어 어림하는 것이 나눗셈을 잘하는 비결입니다.

교과서 곱셈과 나눗셈
· 몇십몇으로 나누기 - 몫이 한 자리 수
· 몇십몇으로 나누기 - 몫이 두 자리 수

지도 길잡이 계산 과정이 가장 복잡한 나눗셈입니다. 서두르지 말고 차근차근 계산하도록 지도해 주세요. 나눗셈을 한 후 계산 결과가 맞는지 꼭 확인하는 습관이 중요합니다. 문제를 풀고 나서 스스로 확인한다면 크게 칭찬해 주세요.

오늘 공부한
단계를 색칠해
보세요!

01

02

03

04

05

06

07

첫째 마당

큰 수

12

08

11

10

09

☆ 큰 수 쓰고 읽기

쓰기	읽기
1000	천, 일천
10000	만, 일만
100000	십만
1000000	백만
10000000	천만
100000000	억, 일억
1000000000000	조, 일조

조 억 만

1	2	3	4	5	6	7	8	9	0	0	0	0	0	0	0
천	백	십	일	천	백	십	일	천	백	십	일	천	백	십	일
		조				억				만					

일의 자리부터 네 자리씩 끊어서 '만, 억, 조'를 붙여 읽어요.

쓰기 1234567890000000
또는 1234조 5678억 9000만

읽기 천이백삼십사조 오천육백칠십팔억 구천만

잠깐! 퀴즈
다음 중 일억은 0이 몇 개일까요?
① 6개   ② 8개

② 月段

01 만, 몇만 쓰고 읽기

❀ 그림이 나타내는 수를 쓰고, 읽어 보세요.

①

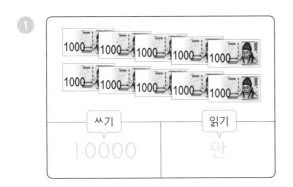

쓰기	읽기
10000	만

10000	20000	30000	……	90000
만(일만)	이만	삼만	……	구만

만은 천이 10개예요.

②

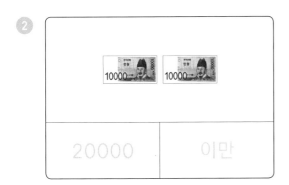

20000	이만

③

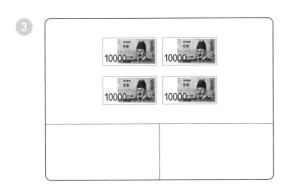

④

⑤

⑥

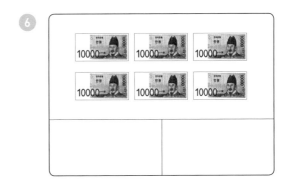

⑦

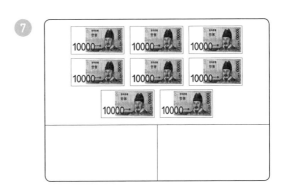

집중 시간
2분

� 관계있는 것끼리 선으로 이어 보세요.

①  •   •   90000

②  •   •   70000

③ 20000에 3000이
    더 있으면 얼마일까요?

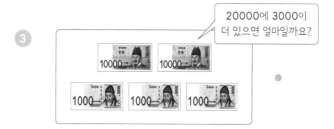 •   •   사만

④ 10000이 8개인 수 •   •   56000

⑤ 10000이 4개인 수 •   •   23000

⑥ 10000이 5개,
    1000이 6개인 수 •   •   팔만

02 다섯 자리 수 쓰고 읽기

✂ 수를 바르게 읽거나 쓰세요.

① [읽기]

24563 ── 이만 사천오백육십삼

네 자리씩 수를 끊어 읽으면 쉬워요.

만	천	백	십	일
2	4	5	6	3

[읽기] 이만 사천오백육십삼

②

47800 ──

숫자가 0인 자리는 읽지 않아요.
32050은 '삼만 이천오십'!

③

59090 ──

④

62485 ──

⑤

10647 ──

'일만'이라고 읽지 않고,
'만'이라고 읽어요.

⑥ [쓰기]

삼만 육천칠백사십오 ──

⑦

칠만 삼천사백이십 ──

⑧

팔만 오백십육 ──

👀앗! 실수

⑨

구만 삼십팔 ──

✂ 다음을 수로 나타내고, 읽어 보세요.

❶ 10000이 2개, 1000이 1개, 100이 8개, 10이 9개, 1이 3개인 수

| 쓰기 | 21893 | 읽기 | 이만 천팔백구십삼 |

❷ 10000이 4개, 1000이 7개, 100이 9개, 10이 5개, 1이 7개인 수

| 쓰기 | | 읽기 | |

❸ 10000이 3개, 1000이 4개, 100이 6개, 10이 7개, 1이 9개인 수

| 쓰기 | | 읽기 | |

앗! 실수

❹ 10000이 1개, 1000이 9개, 100이 4개, 1이 6개인 수

| 쓰기 | | 읽기 | |

> 십의 자리 숫자가 0이면 십의 자리는 읽지 않아요!

❺ 10000이 7개, 1000이 2개, 10이 3개, 1이 5개인 수

| 쓰기 | | 읽기 | |

❻ 10000이 8개, 100이 3개, 10이 6개, 1이 4개인 수

| 쓰기 | | 읽기 | |

03 자리에 따라 숫자가 나타내는 값이 달라!

집중 시간 3분

빈칸에 알맞은 수나 말을 써넣으세요.

1

읽기

35267 ── 삼만 오천이백육십칠

➡ [ ] + [ ] +200 +60+7

35267				
	만의 자리	천의 자리	백의 자리	십의 자리	일의 자리

	만의 자리	천의 자리	백의 자리	십의 자리	일의 자리
숫자	3	5	2	6	7
수	30000	5000	200	60	7

➡ 30000+5000+200 +60+7

2

23854 ── [ ]

➡ [ ] + [ ] +800 +50+4

5

87605 ── [ ]

➡ [ ] +7000+ [ ] +5

3

51490 ── [ ]

➡ 50000+ [ ] + [ ] +90

6

74013 ── [ ]

➡ 70000+4000+ [ ] + [ ]

4

62012 ── [ ]

➡ 60000+ [ ] + [ ] +2

7

41239 ── [ ]

➡ [ ] + [ ] +200 +30+9

큰 수 | 15

�֍ 빈칸에 밑줄 친 숫자가 나타내는 값을 써넣으세요.

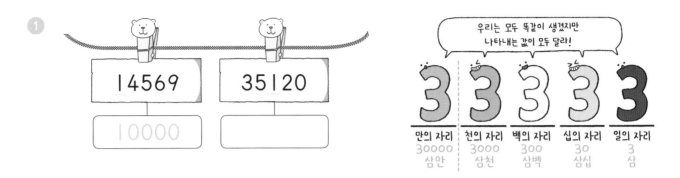

① 14569 → 10000   35120

우리는 모두 똑같이 생겼지만
나타내는 값이 모두 달라!

3 만의 자리 30000 삼만
3 천의 자리 3000 삼천
3 백의 자리 300 삼백
3 십의 자리 30 삼십
3 일의 자리 3 삼

② 33573   72539   30572   45896

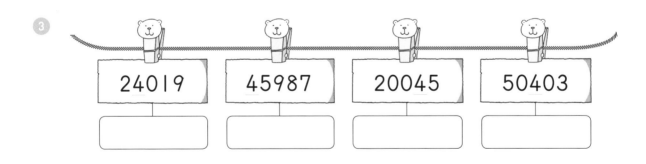

③ 24019   45987   20045   50403

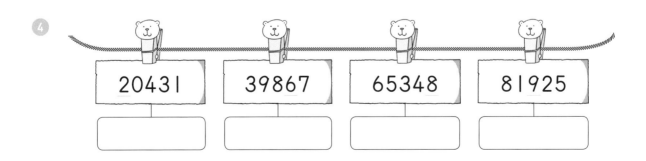

④ 20431   39867   65348   81925

04 십만, 백만, 천만 쓰고 읽기

✄ 수를 바르게 쓰고, 읽어 보세요.

①

내 뒤로 0이 4개

만이 20개인 수

쓰기 ① 20만

쓰기 ② 200000

읽기 이십만

내 뒤로 0이 4개

＊ 만이 😊개인 수는 😊0000

• 만이 10개인 수

쓰기 100000 또는 10만   읽기 십만

• 만이 100개인 수

쓰기 1000000 또는 100만   읽기 백만

• 만이 1000개인 수

쓰기 10000000 또는 1000만   읽기 천만

---

②

만이 300개인 수

쓰기 ① _____

쓰기 ② _____

읽기 _____

---

④

만이 16개, 일이 2349개인 수

쓰기 ① 16만 2349

쓰기 ② 162349

읽기 십육만 이천삼백사십구

---

③

만이 2000개인 수

쓰기 ① _____

쓰기 ② _____

읽기 _____

---

⑤

만이 247개, 일이 593개인 수

쓰기 ① _____

쓰기 ② _____

읽기 _____

집중 시간
4분

빈칸에 알맞은 수나 말을 써넣으세요.

쓰기 ①　　　　쓰기 ②

① 삼백사십육만 이천오백 — 346만 2500 — 3462500

네 자리씩 끊어 읽으면 돼요.

② 칠십사만 팔천칠백육십오 —

읽지 않은 백만의 자리에는 숫자 0을 써 줘야 해요.

③ 육천삼십이만 오천사백팔십이 — 6032만 5482 —

④ 팔천사백삼십만 구천이백삼십오 —

⑤ 사십구만 칠천 —

읽기

⑥ — 543만 5300 —

⑦ — — 23006900

05 각 자리의 숫자가 나타내는 값 알아보기

빈칸에 알맞은 수나 말을 써넣으세요.

5	4	3	0	0	0
십	일 만	천	백	십	일

네 자리씩 수를 끊어 읽으면 쉬워요.

① 543000 — 읽기: 오십사만 삼천

➡ 500000＋ [　　] ＋3000

② 1270000 — [　　]

➡ 1000000＋ [　　] ＋ [　　]

③ 4904000 — [　　]

➡ [　　] ＋ [　　] ＋4000

네 자리씩 끊어 세면
만 단위로 끊어 읽는다는 것!
잊지 마세요~

④ 25360000 — [　　]

➡ 20000000＋ [　　] ＋300000＋ [　　]

⑤ 68610000 — [　　]

➡ [　　] ＋8000000＋ [　　] ＋10000

✻ 빈칸에 밑줄 친 숫자가 나타내는 값을 써넣으세요.

①
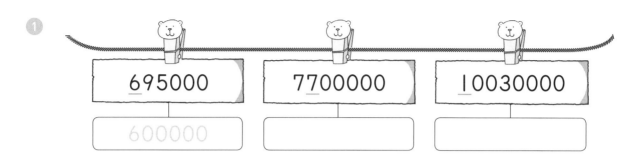

6<u>9</u>5000	7<u>7</u>00000	<u>1</u>0030000
600000		

②
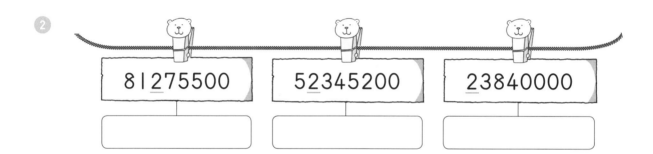

81<u>2</u>75500	5<u>2</u>345200	2<u>3</u>840000

③
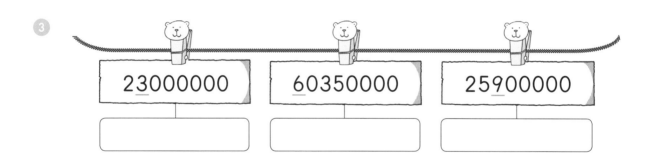

<u>2</u>3000000	<u>6</u>0350000	25<u>9</u>00000

④
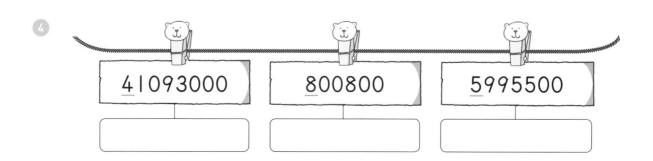

<u>4</u>1093000	<u>8</u>00800	<u>5</u>995500

06 1억은 0이 8개, 1조는 0이 12개!

✂ 수를 바르게 쓰고, 읽어 보세요.

일억은 0이 8개!

일조는 0이 12개!

* 억: 1000만이 10개인 수
  쓰기 100000000 또는 1억
  　　　　　0이 8개
  읽기 억 또는 일억

* 조: 1000억이 10개인 수
  쓰기 1000000000000 또는 1조
  　　　　　0이 12개
  읽기 조 또는 일조

❶

> 만은 0이 4개!

1000만이 20개인 수

쓰기 ①　　　2억

쓰기 ②　　200000000

읽기　　　이억

❷

> 억은 0이 8개!

1000억이 40개인 수

쓰기 ①　　　4조

쓰기 ②

읽기

❸

억이 2395개인 수

쓰기 ①　　2395억

쓰기 ②

읽기

❹

억이 50개, 만이 6732개인 수

쓰기 ①

쓰기 ②

읽기

❺

조가 13개, 억이 1326개인 수

쓰기 ①

쓰기 ②

읽기

집중 시간 3분

빈칸에 알맞은 수를 써넣으세요.

① 12억

1200000000

일억은
0이 8개!

⑤ 삼백십육억

② 235억

⑥ 사천칠백오십사억

③ 5조 8406억

일조는
0이 12개!

⑦ 이백사조

④ 610조 3157억

⑧ 오십팔조 이천백억

07 억, 조 쓰고 읽기

💬 큰 수는 일의 자리부터 네 자리씩 끊어서 읽으면 쉬워요.

2	3	4	6	0	7	5	0	0	1	3	0	0
일	천	백	십	일	천	백	십	일	천	백	십	일
조				억				만				

❋ 수를 바르게 읽어 보세요.

① 130000000000
억 만

백삼십억

② 32000000000
억 만

③ 506000000000

④ 49276000000

⑤ 70000000000000
조 억 만

⑥ 250000000000000
조 억 만

⑦ 825670000000000

⑧ 74000034000000

💬 선을 그어 네 자리씩 수를 끊어 봐요!

07

집중 시간 3분

수를 보기 와 같이 나타내어 보세요.

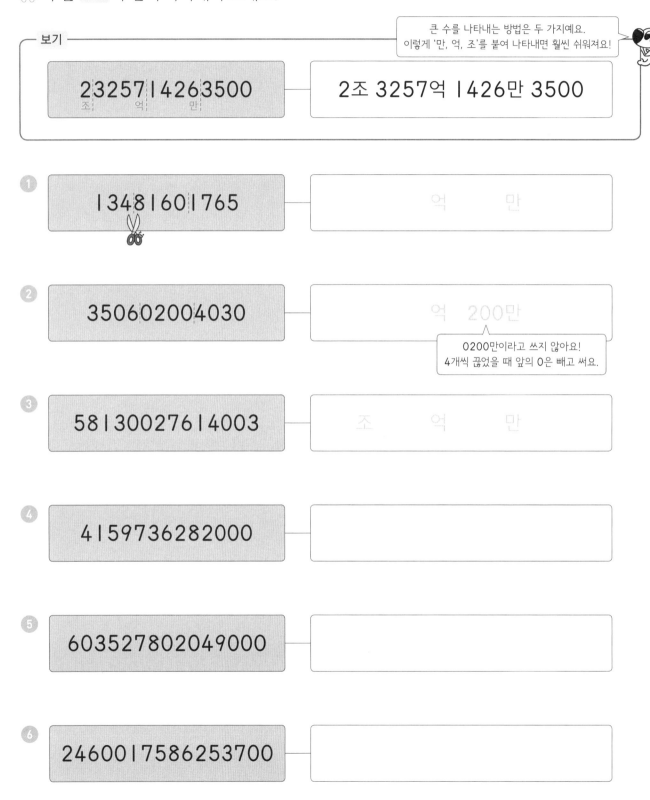

보기

큰 수를 나타내는 방법은 두 가지예요.
이렇게 '만, 억, 조'를 붙여 나타내면 훨씬 쉬워져요!

2 3257 1426 3500 (조 억 만)	2조 3257억 1426만 3500

1. 1348 1601 1765 — 억 만

2. 3506 0200 4030 — 억 200만

0200만이라고 쓰지 않아요!
4개씩 끊었을 때 앞의 0은 빼고 써요.

3. 58 1300 2761 4003 — 조 억 만

4. 4 1597 3628 2000

5. 603 5278 0204 9000

6. 2460 0175 8625 3700

큰 수 뛰어 세기도 변하는 수에 집중하자(1)

집중 시간
2분

※ 뛰어 세어 보세요.

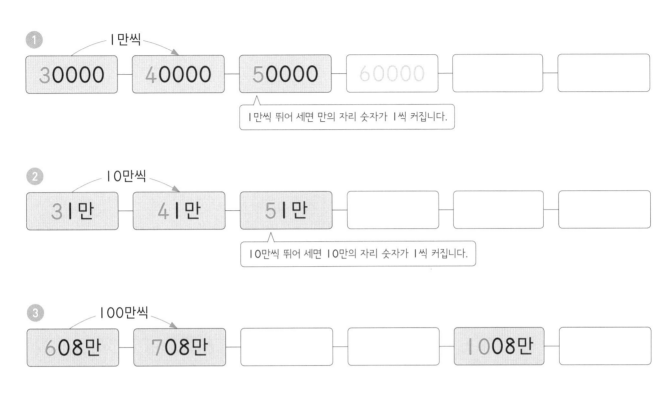

① 1만씩

| 30000 | 40000 | 50000 | 60000 | | |

1만씩 뛰어 세면 만의 자리 숫자가 1씩 커집니다.

② 10만씩

| 31만 | 41만 | 51만 | | | |

10만씩 뛰어 세면 10만의 자리 숫자가 1씩 커집니다.

③ 100만씩

| 608만 | 708만 | | | 1008만 | |

④ 1000만씩

| 2915만 | 3915만 | 4915만 | | | |

⑤ 1억씩

| 45억 | 46억 | 47억 | | | 50억 |

1억씩 뛰어 세면 억의 자리 숫자가 1씩 커집니다.

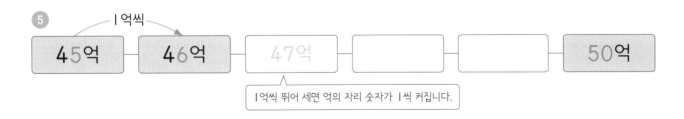

⑥ 1조씩

| 58조 | 59조 | | | 62조 | |

1조씩 뛰어 세면 조의 자리 숫자가 1씩 커집니다.
이때 윗자리 수도 함께 바뀌는 경우에 주의해요!

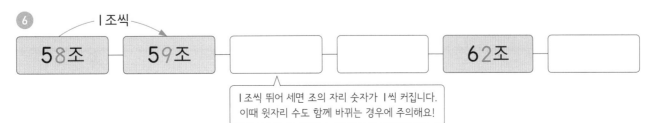

집중 시간 3분

뛰어 세어 보세요.

❶

27000	37000	47000	57000		

변하는 수에 밑줄을 치면서
살펴보면 더 쉬워요.

❷

349만		369만	379만		

❸

5640만	5740만			6040만	

❹

643억	644억	645억			

❺

4706억	4716억		4736억		

앗! 실수

❻

8182조	8192조				8232조

변하는 수의 윗자리 수도
바뀌는 경우에 주의하세요!

09 큰 수 뛰어 세기도 변하는 수에 집중하자(2)

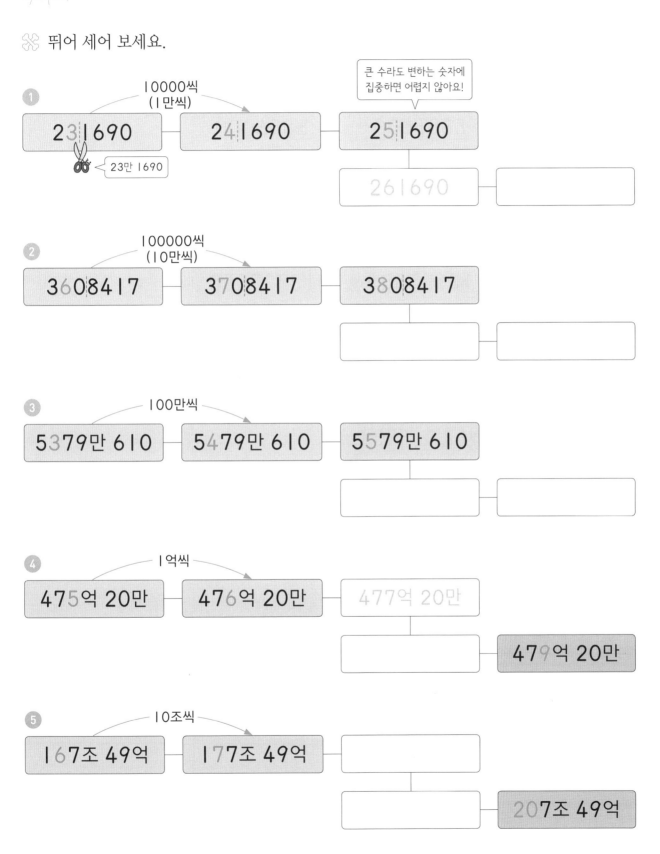

뛰어 세어 보세요.

① 10000씩 (1만씩)

23만 1690 ✂

23│1690 → 24│1690 → 25│1690 → 261690 → ☐

큰 수라도 변하는 숫자에 집중하면 어렵지 않아요!

② 100000씩 (10만씩)

3608417 → 3708417 → 3808417 → ☐ → ☐

③ 100만씩

5379만 610 → 5479만 610 → 5579만 610 → ☐ → ☐

④ 1억씩

475억 20만 → 476억 20만 → 477억 20만 → ☐ → 479억 20만

⑤ 10조씩

167조 49억 → 177조 49억 → ☐ → ☐ → 207조 49억

09

집중 시간
3분

뛰어 세어 보세요.

1

4856000 — 5856000 — 6856000

485만 6000

2

13527800 — 13627800 — 13727800

3

562억 39만 — 562억 139만 — ⬚

⬚ — 562억 439만

4

24조 578억 — 24조 678억 — ⬚

24조 878억 — ⬚

앗! 실수

5

7702조 3억 — 7802조 3억 — ⬚

변하는 수의 윗자리 수도
바뀌는 경우에 주의하세요!

⬚ — 8102조 3억

10 먼저 자리 수가 같은지 비교하자

🔩 빈칸에 각 자리의 숫자를 써넣고, 크기를 비교하여 ☐ 안에 알맞은 수를 써넣으세요.

1

47940 ➡

십만	만	천	백	십	일
	4	7	9	4	0
3	6	7	5	0	0

367500 ➡

➡ 47940 → 5자리 수

➡ 367500 → 6자리 수

➡ 더 큰 수: ☐

자리 수가 다를 때
자리 수가 많은 수가 더 큰 수예요.

2

1859000 ➡

백만	십만	만	천	백	십	일
1	8	5	9	0	0	0

894500 ➡

➡ 더 큰 수: ☐

3

765200 ➡

십만	만	천	백	십	일
7	6	5	2	0	0
7	3	8	6	0	0

738600 ➡

➡ 765200
⌐ 6>3
➡ 738600

➡ 더 큰 수: ☐

자리 수가 같을 때
가장 높은 자리 수부터 차례로 비교해요.

4

5239000 ➡

백만	십만	만	천	백	십	일
5	2	3	9	0	0	0

5281000 ➡

➡ 더 큰 수: ☐

집중 시간
:) 3분 :D

❀ 두 수의 크기를 비교하여 ○ 안에 >, =, < 중 알맞은 것을 써넣으세요.

* 자리 수가 다른 경우

$$345000 \;\textcircled{>}\; 45900$$

6자리 수   5자리 수

➡ 자리 수가 많은 수가 더 큰 수예요.

* 자리 수가 같은 경우

$$562100 \;\textcircled{>}\; 549300$$

6>4

➡ 높은 자리 수가 큰 쪽이 더 큰 수예요.

④

$$7678908 \;\bigcirc\; 7492870$$

⑤

$$24598212 \;\bigcirc\; 29298250$$

①

$$4678821 \;\bigcirc\; 872899$$

✂

⑥

$$91230000 \;\bigcirc\; 91200000$$

②

$$9650900 \;\bigcirc\; 84210000$$

⑦

$$3120093000 \;\bigcirc\; 2920093000$$

앗! 실수

③

$$14568979 \;\bigcirc\; 14789000$$

큰 수도 뒤에서부터 4자리씩
끊어 읽으면 쉬워요.

⑧

$$8005008212 \;\bigcirc\; 900000000$$

11 수의 크기 비교하기 집중 연습

두 수의 크기를 비교하여 ○ 안에 >, =, < 중 알맞은 것을 써넣으세요.

① 26만 871 ◯ 29만 1300

② 120억 3478만 ◯ 120억 2753만

③ 613조 8000억 ◯ 625조 1000만

④ 45만 3478 ◯ 3000000

수의 형태가 다르면 같게 고친 다음 크기를 비교하면 돼요!

⑤ 87억 5000만 ◯ 8593000000

⑥ 30000134500000 ◯ 3조 8960만

앗! 실수

⑦ 625조 1000억 ◯ 63040000000000

✖ 세 수의 크기를 비교하여 큰 수부터 차례대로 기호를 써 보세요.

①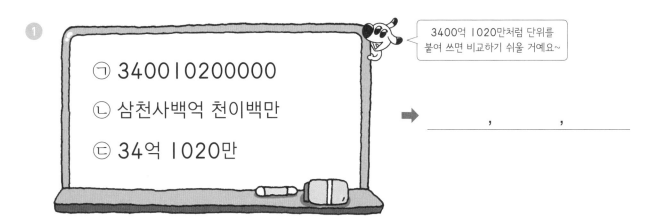

- ㉠ 340010200000
- ㉡ 삼천사백억 천이백만
- ㉢ 34억 1020만

3400억 1020만처럼 단위를 붙여 쓰면 비교하기 쉬울 거예요~

➡ _____ , _____ , _____

②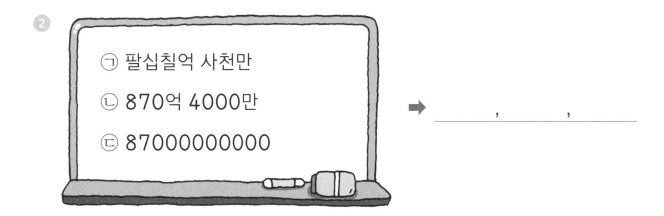

- ㉠ 팔십칠억 사천만
- ㉡ 870억 4000만
- ㉢ 87000000000

➡ _____ , _____ , _____

③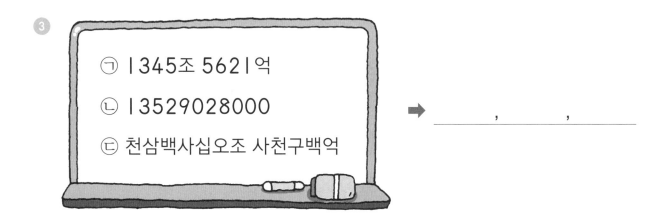

- ㉠ 1345조 5621억
- ㉡ 13529028000
- ㉢ 천삼백사십오조 사천구백억

➡ _____ , _____ , _____

12 생활 속 연산 - 큰 수

❀ 대관령 터널은 우리나라에서 가장 긴 산악 터널입니다. 다음 중 바르게 설명한 친구의
번호를 모두 찾아 ◯표 하세요.

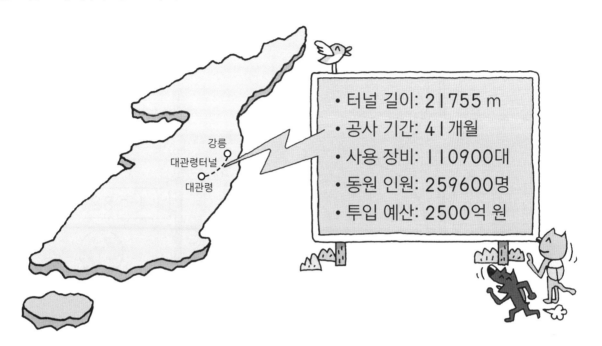

- 터널 길이: 21755 m
- 공사 기간: 41개월
- 사용 장비: 110900대
- 동원 인원: 259600명
- 투입 예산: 2500억 원

강릉
대관령터널
대관령

1 터널의 길이는 이만 천칠백오십오 미터야.

2 터널을 뚫는 데 사용된 장비의 수는 백십만 구백 대야.

3 터널 공사 때 동원된 사람이 이십오만 구천육백 명이야.

4 터널을 만드는 데 든 공사 비용은 2500000000원이야.

✤ 태양과 각 행성 사이의 거리입니다. 같은 수끼리 이어 보세요.

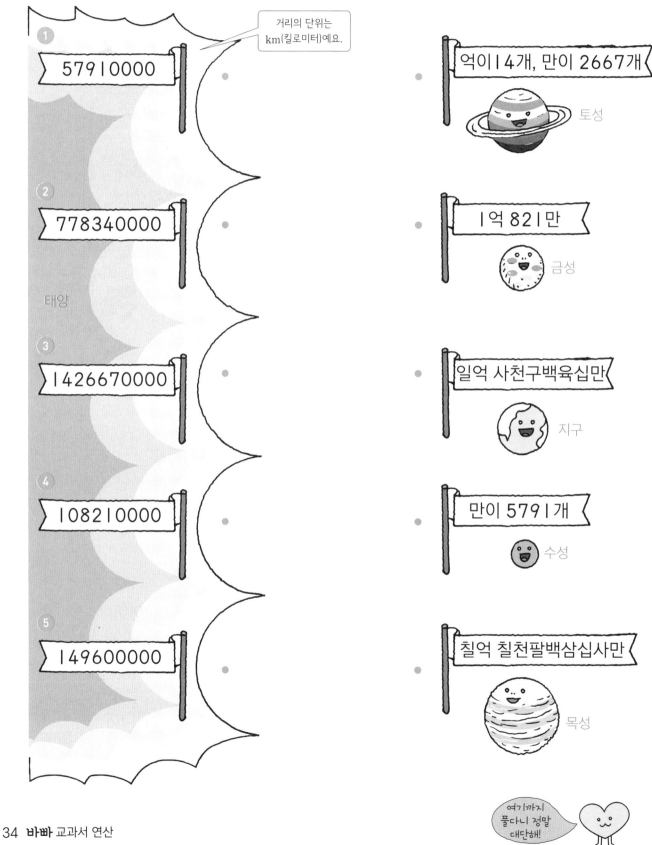

여기까지 풀다니 정말 대단해!

❀ ☐ 안에 알맞은 수를 써넣으세요.

① 35725

= ☐ ＋5000＋ ☐ ＋20＋5

② 52013

＝50000＋ ☐ ＋ ☐ ＋3

③ 249607

＝200000＋ ☐ ＋ ☐ ＋600＋ ☐

④ 1000만이 40개인 수

➡ ☐

⑤ 조가 13개, 억이 1310개인 수

➡ ☐

⑥ 10만씩 뛰어 세기

⑦ 1억씩 뛰어 세기

⑧ 1조씩 뛰어 세기

⑨ | 20만 197 | 20만 109 |

더 큰 수: ☐

⑩ | 120억 294만 | 120억 1000만 |

더 작은 수: ☐

⑪ 지수는 100원짜리 동전 100개를 모았습니다. 지수가 모은 돈은 ☐ 원입니다.

오늘 공부한
단계를 색칠해
보세요!

13

14

15

16

17

둘째 마당

각도

18

20

19

바빠 개념 쏙쏙!

☆ 각도의 합과 차

각도의 합과 차는 자연수의 덧셈, 뺄셈과 같은 방법으로 계산하고, 계산 결과에 °를 붙입니다.

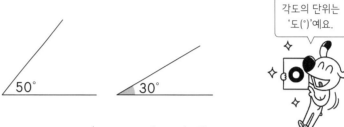

각도의 단위는 '도(°)'예요.

- 각도의 합

- 각도의 차

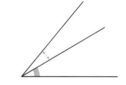

$$50° + 30° = 80°$$

$$50° - 30° = 20°$$

☆ 도형의 각도

- 삼각형의 세 각의 크기의 합은 180°입니다.

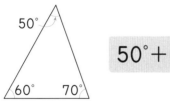

$$50° + 60° + 70° = 180°$$

- 사각형의 네 각의 크기의 합은 360°입니다.

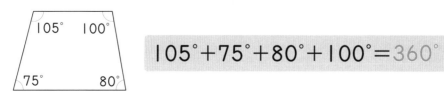

$$105° + 75° + 80° + 100° = 360°$$

13 # 수끼리 더한 후 도(°)를 붙이면 각도의 합!

❄️ ☐ 안에 알맞은 수를 써넣으세요.

1
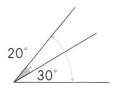

$30° + 20° = \boxed{50}°$

* **각도의 합**

$$\underbrace{30° + 20°}_{30+20=50} = 50°$$

자연수의 덧셈과 같은 방법으로 계산하고
각도의 단위 도(°)를 붙입니다.

2
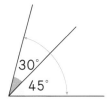

$45° + 30° = \boxed{}°$

3
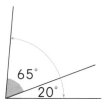

$20° + 65° = \boxed{}°$

4
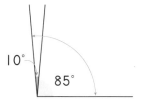

$85° + 10° = \boxed{}°$

5
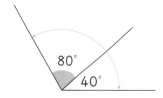

$40° + 80° = \boxed{}°$

받아올림에
주의하세요!

6

$75°$
$15°$

$15° + 75° = \boxed{}°$

7
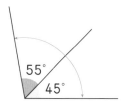

$45° + 55° = \boxed{}°$

각도의 합을 구하세요.

① $20°+50°=70°$

계산 결과에 각도의 단위 도(°)를 꼭 붙여야 해요!

② $60°+30°=$

③ $40°+120°=$

④ $130°+35°=$

⑤ $75°+110°=$

⑥ $120°+160°=$

⑦ $45°+45°=$

⑧ $50°+85°=$

⑨ $75°+65°=$

⑩ $170°+40°=$

⑪ $165°+25°=$

⑫ $150°+175°=$

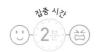

14 수끼리 뺀 후 도(°)를 붙이면 각도의 차!

집중 시간 2분

※ □ 안에 알맞은 수를 써넣으세요.

1

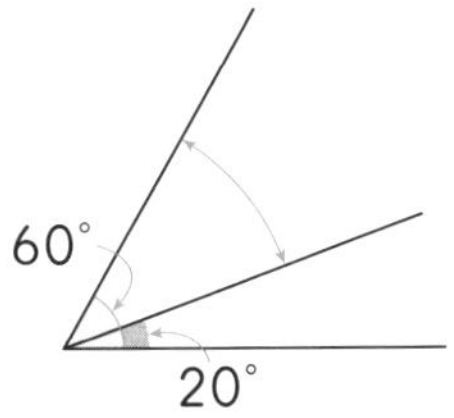

60° − 20° = □°

* 각도의 차

60° − 20° = 40°

60−20=40

자연수의 뺄셈과 같은 방법으로 계산하고 **각도의 단위 도(°)**를 붙입니다.

2

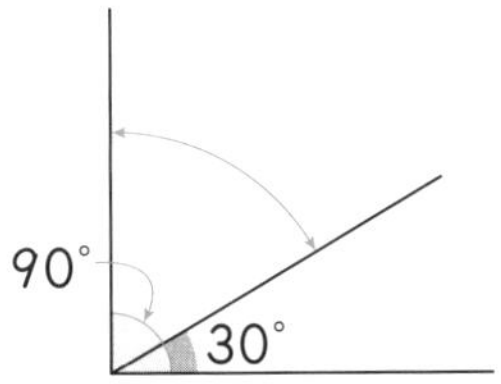

90° − 30° = □°

3

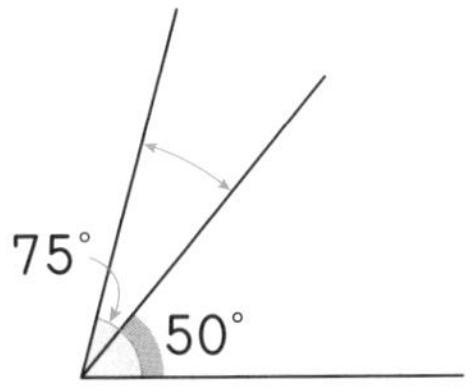

75° − 50° = □°

4

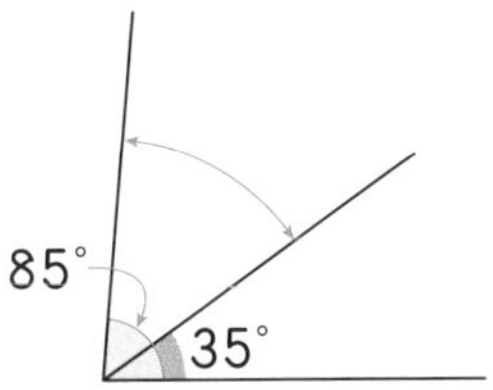

85° − 35° = □°

5

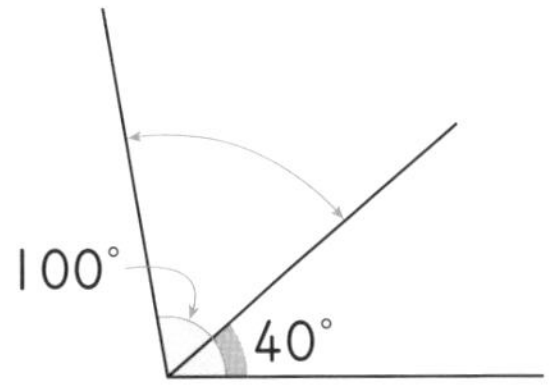

100° − 40° = □°

받아내림에 주의하세요!

6

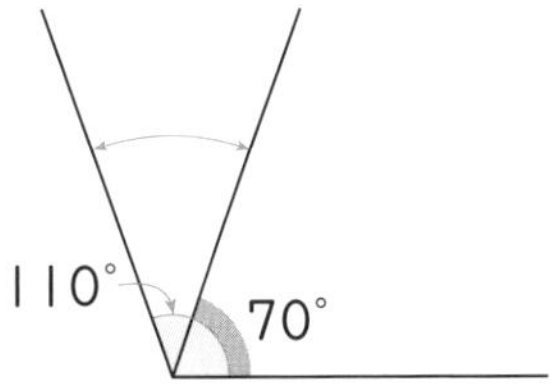

110° − 70° = □°

7

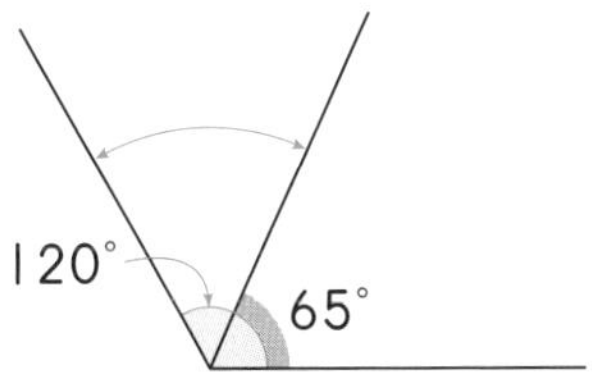

120° − 65° = □°

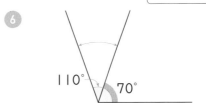

각도의 차를 구하세요.

① $50° - 30° = 20°$

계산 결과에 각도의 단위 도(°)를 꼭 붙여야 해요!

② $80° - 40° =$

③ $45° - 20° =$

④ $65° - 15° =$

⑤ $85° - 40° =$

⑥ $135° - 25° =$

⑦ $110° - 80° =$

⑧ $150° - 60° =$

⑨ $180° - 35° =$

⑩ $145° - 55° =$

⑪ $130° - 65° =$

⑫ $165° - 85° =$

집중 시간
4분

그림을 보고 두 각도의 합과 차를 구하세요.

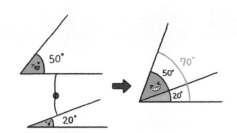

합: 50°＋20°＝70°

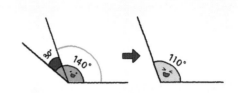

차: 140°−30°＝110°

1
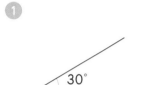

합: 30°＋ 40 °＝ 70 °

차: 40°− □ °＝ □ °

2
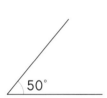

직각은 └ 으로
표시하고, 90°예요.

합: 50°＋ 90 °＝ □ °

차: □ °−50°＝ □ °

3

합: □ °＋25°＝ □ °

차: □ °− □ °＝ □ °

각도의 차는 큰 각도에서
작은 각도를 빼면 돼요.

4

합: _____

차: _____

5
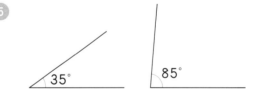

합: _____

차: _____

6

합: _____

차: _____

✿ 각도의 합과 차를 구하세요.

① 70°+20°=

② 75°−40°=

③ 15°+60°=

④ 135°−110°=

⑤ 145°+35°=

⑥ 80°−35°=

⑦ 90°+125°=

⑧ 120°−55°=

앗! 실수

⑨ 65°+145°=

⑩ 105°+95°=

⑪ 140°−75°=

⑫ 250°−85°=

16 삼각형의 세 각의 크기의 합은 180°

그림을 보고 삼각형의 세 각의 크기의 합을 구하세요.

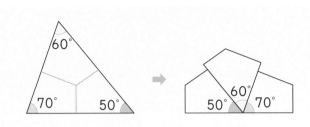

$60° + 70° + 50° = \boxed{180}°$

➡ 삼각형의 세 각의 크기의 합은 180°입니다.

1

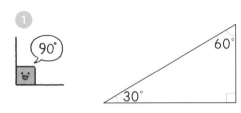

$60° + 30° + 90° = \boxed{}°$

4

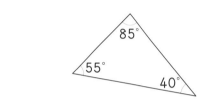

$85° + 55° + \boxed{}° = \boxed{}°$

2

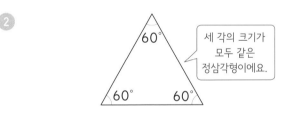

세 각의 크기가 모두 같은 정삼각형이에요.

$60° + \boxed{}° + 60° = \boxed{}°$

5

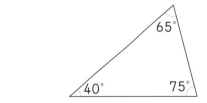

$\boxed{}° + 40° + 75° = \boxed{}°$

3

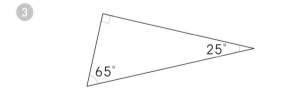

$\boxed{}° + 65° + 25° = \boxed{}°$

6

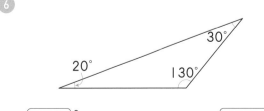

$\boxed{}° + 20° + 130° = \boxed{}°$

각도 | 45

□ 안에 알맞은 수를 써넣으세요.

* (삼각형의 세 각의 크기의 합)=180°

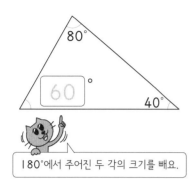

1 80° 60° 40°

180°에서 주어진 두 각의 크기를 빼요.

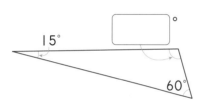

2 15° 60°

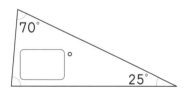

3 70° 25°

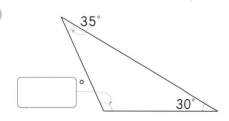

4 35° 30°

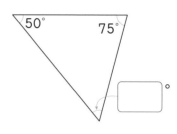

5 50° 75°

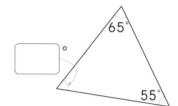

6 65° 55°

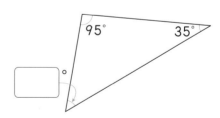

7 95° 35°

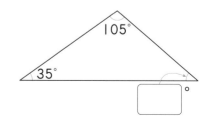

8 105° 35°

17 삼각형으로 구하는 각도

✿ 삼각자 2개를 이용하여 만든 각도를 구하세요.

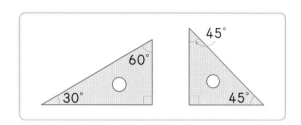

① 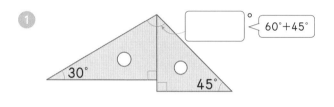 ☐° ◁ 60°+45°

④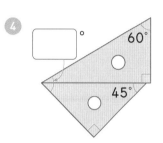

② 45°−30° ☐°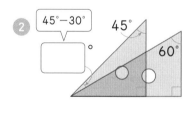

겹쳐진 각도는 각도의 차를 이용해요.

⑤ 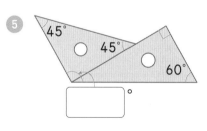 ☐°

③ 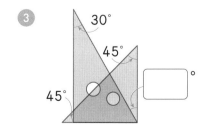 ☐°

⑥ 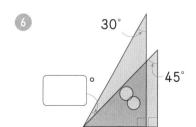 ☐°

❀ □ 안에 알맞은 수를 써넣으세요.

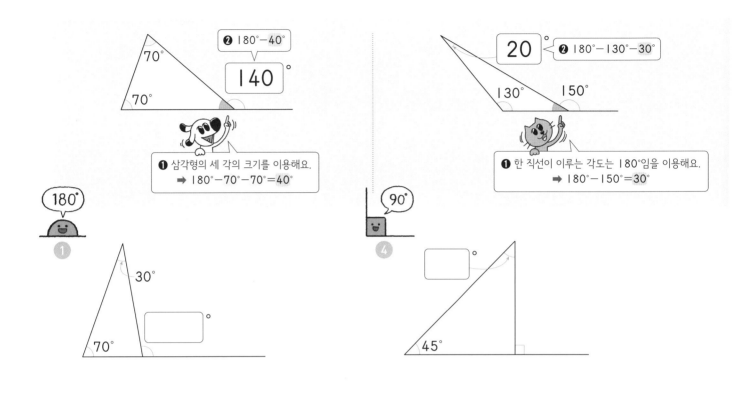

❷ 180°−40°

140°

❶ 삼각형의 세 각의 크기를 이용해요.
➡ 180°−70°−70°=40°

20

❷ 180°−130°−30°

❶ 한 직선이 이루는 각도는 180°임을 이용해요.
➡ 180°−150°=30°

180°

90°

① 30° 70° □°

④ □° 45°

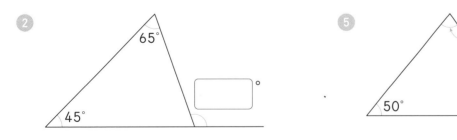

② 65° 45° □°

⑤ □° 50° 125°

③ 15° 60° □°

⑥ □° 75° 105°

사각형의 네 각의 크기의 합은 360°

그림을 보고 사각형의 네 각의 크기의 합을 구하세요.

직각은 90°예요.

$$70° + 90° + 90° + 110° = \boxed{360}°$$

➡ 사각형의 네 각의 크기의 합은 360°입니다.

①

네 각이 모두
직각으로 90°예요.

$$90° + 90° + 90° + \boxed{}°$$
$$= \boxed{}°$$

④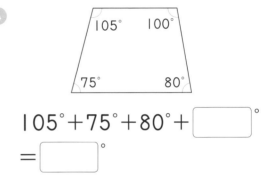

$$105° + 75° + 80° + \boxed{}°$$
$$= \boxed{}°$$

②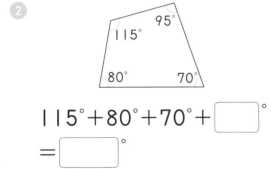

$$115° + 80° + 70° + \boxed{}°$$
$$= \boxed{}°$$

⑤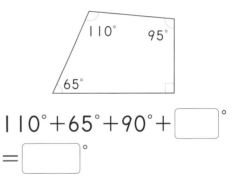

$$110° + 65° + 90° + \boxed{}°$$
$$= \boxed{}°$$

③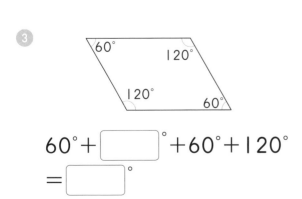

$$60° + \boxed{}° + 60° + 120°$$
$$= \boxed{}°$$

⑥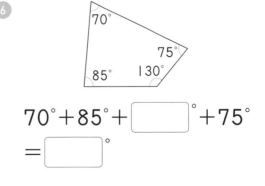

$$70° + 85° + \boxed{}° + 75°$$
$$= \boxed{}°$$

✂ ☐ 안에 알맞은 수를 써넣으세요.

＊ (사각형의 네 각의 크기의 합)＝360°

①
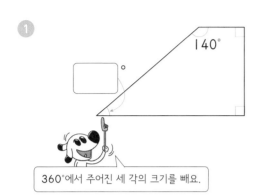

360°에서 주어진 세 각의 크기를 빼요.

⑤
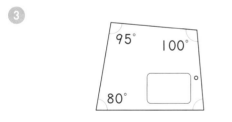

②
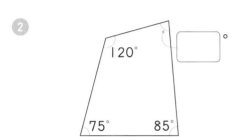

⑥
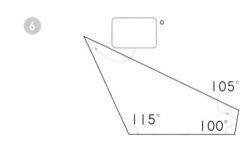

③
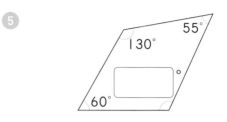

⑦
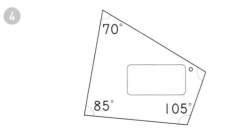

④
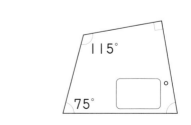

⑧
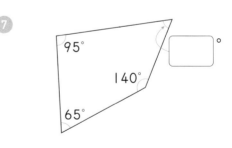

19 사각형으로 구하는 각도

집중 시간 3분

사각형에서 ㉠과 ㉡의 각도의 합을 구하세요.

1

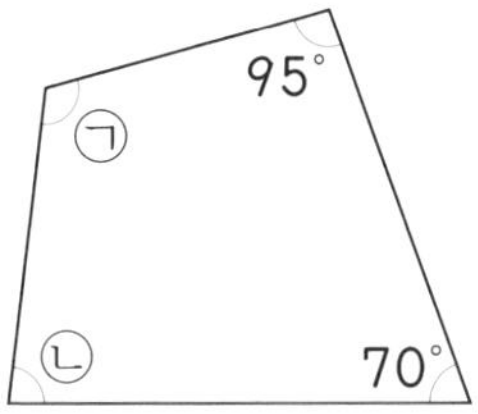

단위 도(°)를 빠뜨리지 말고 꼭 붙여요.

(　　　　　)

2

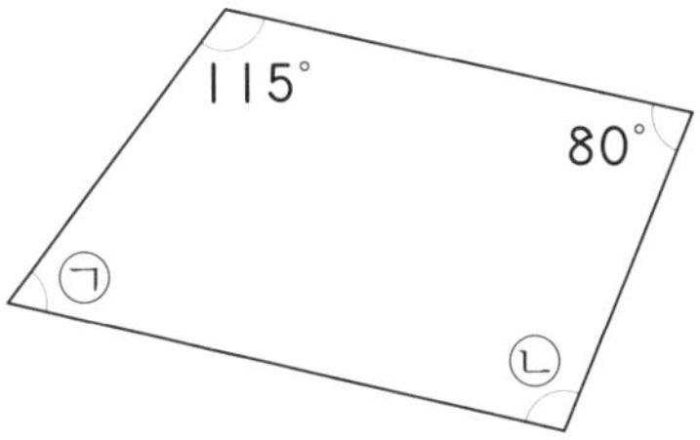

(　　　　　)

3

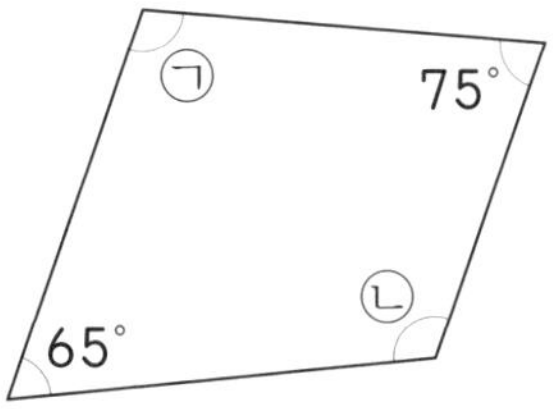

(　　　　　)

4

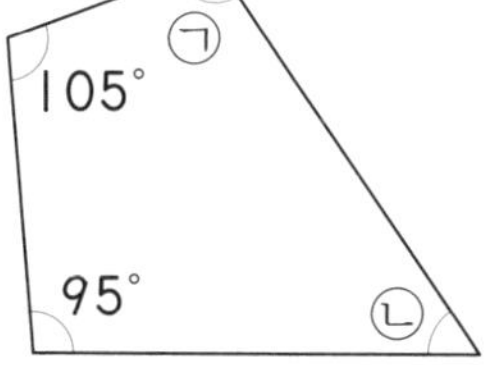

(　　　　　)

5

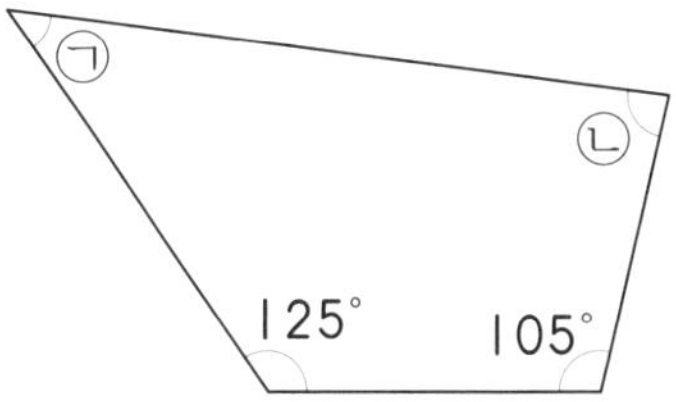

(　　　　　)

6

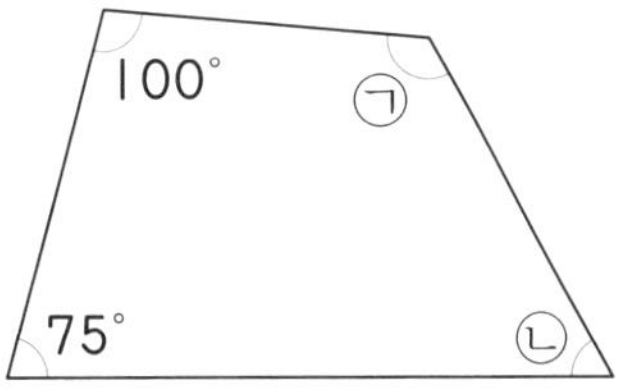

(　　　　　)

7

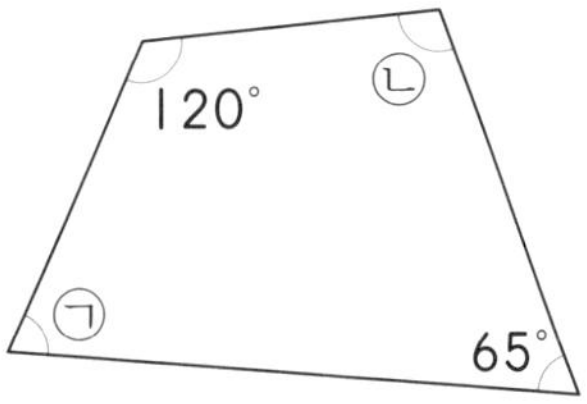

(　　　　　)

8

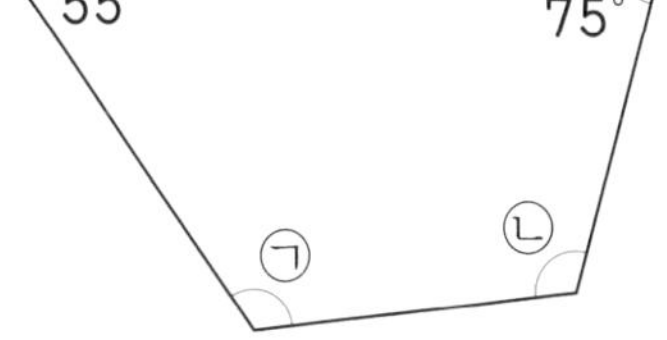

(　　　　　)

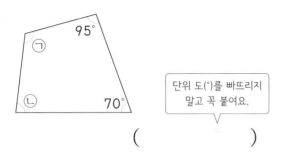

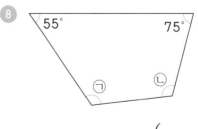

❀ ☐ 안에 알맞은 수를 써넣으세요.

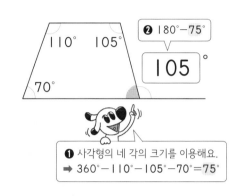

❷ 180°−75°

105°

❶ 사각형의 네 각의 크기를 이용해요.
➡ 360°−110°−105°−70°=**75°**

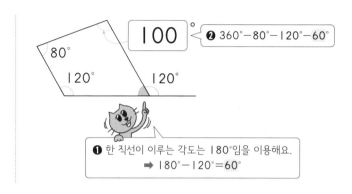

100°

❷ 360°−80°−120°−60°

❶ 한 직선이 이루는 각도는 180°임을 이용해요.
➡ 180°−120°=**60°**

①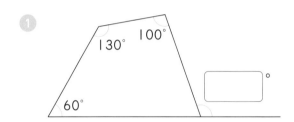

④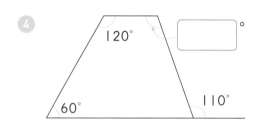

②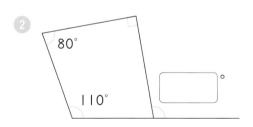

⑤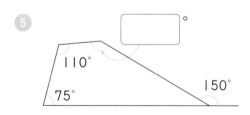

③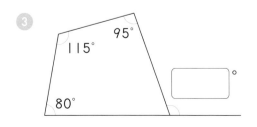

⑥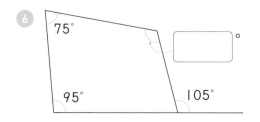

생활 속 연산 – 각도

✂ 그림을 보고 ☐ 안에 알맞은 수를 써넣으세요.

①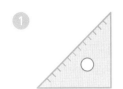

삼각자의 세 각의 크기의 합은 ☐°이고,

사각형 엽서의 네 각의 크기의 합은

☐°입니다.

②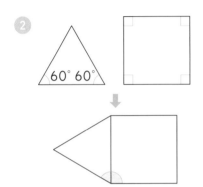

세 각의 크기가 모두 같은 삼각형과

네 각의 크기가 모두 같은 사각형을

그림과 같이 붙였을 때 표시한 부분의

각도는 ☐°입니다.

③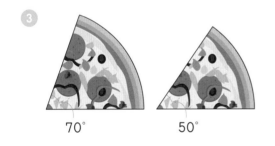

70°　　　　50°

피자 조각이 두 개 남았습니다. 큰 조각의 각도의

크기는 작은 조각의 각도의 크기보다 ☐°만큼

더 큽니다.

④

3시　　　　4시

두 시계의 긴바늘과 짧은바늘이 이루는 작은 쪽의

각도의 차는 ☐°입니다.

😊 각도 나라의 가로, 세로 열쇠를 모두 맞히면 문이 덜컹 열립니다. 각도 나라의 문을 열어 보세요.

가로 열쇠

① (삼각형의 세 각의 크기의 합)

= ⬜°

② 105° − 75° = ⬜°

③ 155° − ⬜° = 35°

④ 35° + 55° = ⬜°

세로 열쇠

① 55° + 75° = ⬜°

② (사각형의 네 각의 크기의 합)

= ⬜°

③ ⬜° − 25° = 115°

⑤ 110° − 50° = ⬜°

둘째 마당 통과 문제

*틀린 문제는 꼭 다시 확인하고 넘어가요!

□ 안에 알맞은 수를 써넣으세요.

1. $30° + 20° = \square°$

2. $45° + 65° = \square°$

3. $105° + 95° = \square°$

4. $180° + 125° = \square°$

5. $90° - 45° = \square°$

6. $125° - 80° = \square°$

7. $270° - 125° = \square°$

8. $285° - 90° = \square°$

9.
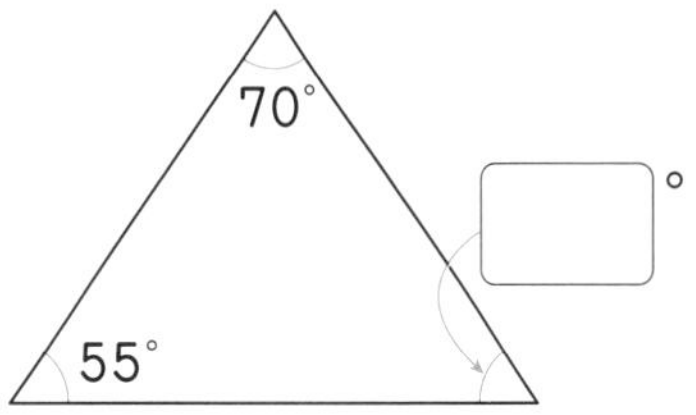

10.
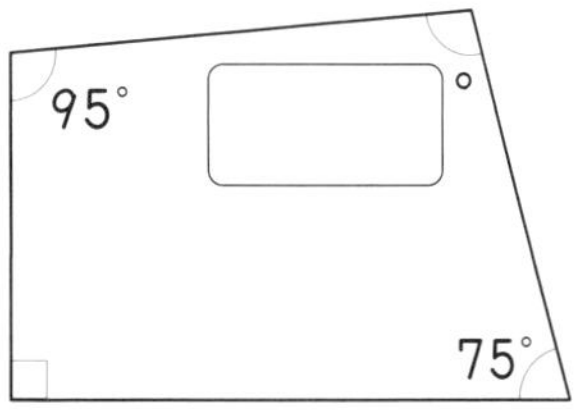

11.
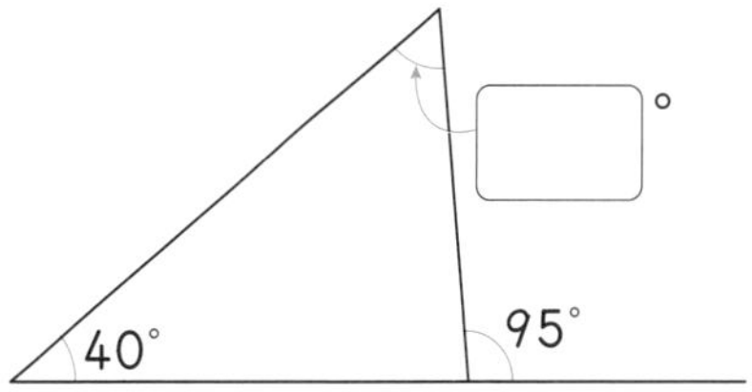

12.
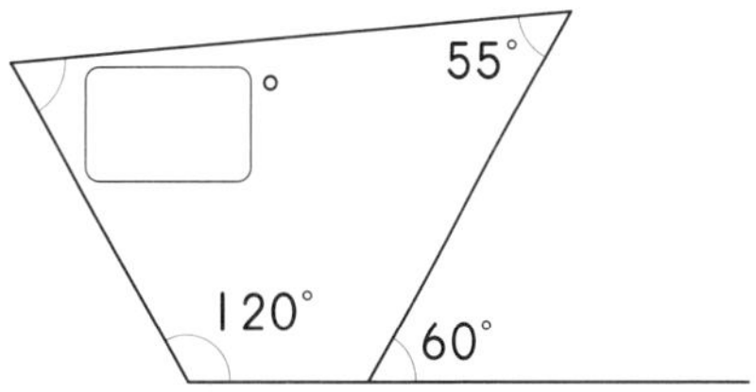

13. 삼각형의 세 각의 크기의 합은 □°이고, 사각형의 네 각의 크기의 합은 □°입니다.

오늘 공부한
단계를 색칠해
보세요!

셋째 마당

곱셈

26

29

28

27

☆ (세 자리 수)×(몇십)

(세 자리 수)×(몇)의 값을 10배 한 것과 같습니다.

$$123 \times 2 = 246$$

10배   10배

$$123 \times 20 = 2460$$

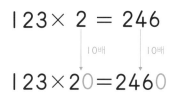

먼저 0을 쓰고 계산해 봐요.

$123 \times 2 = 246$

☆ (세 자리 수)×(몇십몇)

세 자리 수에 몇십몇의 일의 자리 수를 곱한 값과 십의 자리 수를 곱한 값을 더합니다.

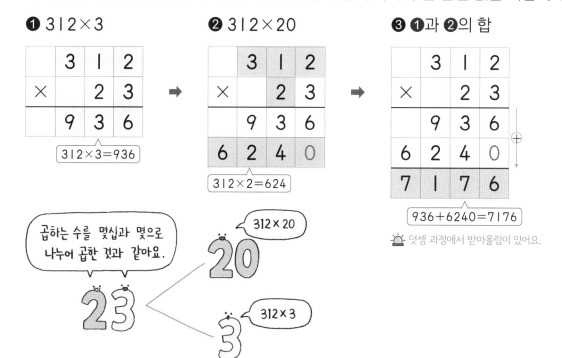

❶ 312×3

	3	1	2
×		2	3
	9	3	6

$312 \times 3 = 936$

❷ 312×20

		3	1	2
	×		2	3
		9	3	6
	6	2	4	0

$312 \times 2 = 624$

❸ ❶과 ❷의 합

		3	1	2
	×		2	3
		9	3	6
	6	2	4	0
	7	1	7	6

$936 + 6240 = 7176$

☀ 덧셈 과정에서 받아올림이 있어요.

곱하는 수를 몇십과 몇으로 나누어 곱한 것과 같아요.

312 × 20

20

23

3

312 × 3

21 곱하는 두 수의 끝의 0의 개수만큼 0을 뒤에 붙여!

❀ 곱셈을 하세요.

* (몇백)×(몇십), (몇십)×(몇백) 계산하기

	2	0	0	····· 0이 2개
×		1	0	····· 0이 1개
2	0	0	0	····· 0이 3개

2×1

		3	0	····· 0이 1개
×	2	0	0	····· 0이 2개
6	0	0	0	····· 0이 3개

3×2

먼저 0을 3개 붙여 줘요!

➡ 곱하는 두 수의 끝의 0의 개수만큼 0을 뒤에 붙이면 쉬워요.

만	천	백	십	일		만	천	백	십	일		만	천	백	십	일

❶
```
    4 0 0
  ×   2 0
```
4×2

❹
```
    5 0 0
  ×   7 0
```

❼
```
      5 0
  × 3 0 0
```

❷
```
    3 0 0
  ×   3 0
```

❺
```
    4 0 0
  ×   6 0
```

❽
```
      6 0
  × 9 0 0
```

❸
```
    6 0 0
  ×   2 0
```
6×2

❻
```
    3 0 0
  ×   8 0
```

❾
```
      7 0
  × 4 0 0
```

곱셈 | 59

21

✂ 곱셈을 하세요.

* 가로셈으로 계산하는 방법

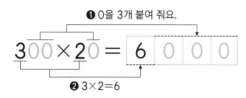

❶ 0을 3개 붙여 줘요.

$3{\small00}\times2{\small0} = \boxed{6}\ 0\ 0\ 0$

❷ 3×2=6

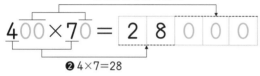

❶ 0을 3개 붙여 줘요.

$4{\small00}\times7{\small0} = \boxed{2}\ \boxed{8}\ 0\ 0\ 0$

❷ 4×7=28

➡ 가로셈은 (몇)×(몇)의 값에 0을 3개 붙이면 쉬워요.

① $800 \times 30 =$

② $200 \times 90 =$

③ $500 \times 80 =$

④ $900 \times 60 =$

⑤ $900 \times 40 =$

⑥ $600 \times 50 =$

⑦ $40 \times 300 =$

⑧ $50 \times 700 =$

⑨ $70 \times 800 =$

⑩ $80 \times 900 =$

22 몇십을 곱하면 뒤에 0을 1개 붙여!

✳ 곱셈을 하세요.

* (세 자리 수)×(몇십) 계산하기
  ─ 끝에 0을 1개 쓰고 계산해요.

```
    1 2 4
  ×   2 0   나 먼저 내려간다!
  2 4 8 0
```
└ 124×2=248 ┘

	천	백	십	일
④		2	2	1
	×		4	0

	천	백	십	일
⑧		1	4	1
	×		6	0

	천	백	십	일
①		1	3	2
	×		3	0

⑤	3	0	2
×		3	0

⑨	3	2	5
×		3	0

6×2=12에서 올림해야 하는 수 1을 작게 쓰면서 계산하세요!

②	2	4	3
×		2	0

⑥	2	3	6
×		2	0
4	7	2	0

⑩	4	7	3
×		2	0

3×2=6,
6+1=7

③	3	2	1
×		3	0

⑦	3	4	8
×		2	0

⑪	2	9	3
×		3	0

22

집중 시간 3분

✂ 곱셈을 하세요.

만	천	백	십	일

①
```
    3 2 1
  ×   4 0
```

321×4
일의 자리에 0을 먼저 쓰고 계산하면 실수를 줄일 수 있어요!

②
```
    3 1 1
  ×   5 0
```

③
```
    6 2 3
  ×   3 0
```

④
```
    7 3 4
  ×   2 0
```

⑤
```
    2 1 6
  ×   6 0
```

⑥
```
    5 2 7
  ×   3 0
```

⑦
```
    8 1 4
  ×   4 0
```

⑧
```
    4 6 9
  ×   5 0
```

⑨
```
    7 5 9
  ×   3 0
```

⑩
```
    4 7 3
  ×   6 0
```

앗! 실수

⑪
```
    2 2 5
  ×   4 0
```

십의 자리에 0이 나오면 잊지 말고 꼭 써 줘요.

⑫
```
    7 8 0
  ×   4 0
```

23 가로셈도 0부터 붙이고 시작하면 간단해

세로셈으로 나타내고, 곱셈을 하세요.

① 261×30

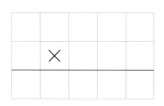

⑤ 623×40

⑨ 522×50

같은 자리 수끼리 줄을 맞추어 써 보세요.
세로로 계산하면 계산이 더 쉬워져요.

② 534×20

⑥ 708×50

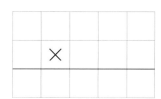

⑩ 347×80

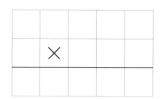

③ 415×40

⑦ 423×60

⑪ 615×90

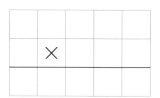

④ 563×30

⑧ 732×70

⑫ 883×60

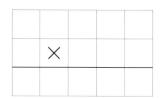

집중 시간 5분

곱셈을 하세요.

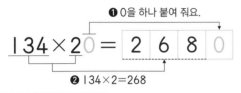

* 가로셈으로 계산하는 방법

❶ 0을 하나 붙여 줘요.

$134 \times 20 = 2\ 6\ 8\ 0$

❷ $134 \times 2 = 268$

가로셈도 올림한 수를 작게 위에 쓰고 계산할 수 있어요.

❶ 0을 하나 붙여 줘요.

$423 \times 40 = 1\ 6\ 9\ 2\ 0$

❷

$3 \times 4 = 12$
$2 \times 4 + 1 = 9$
$4 \times 4 = 16$

곱하는 수의 끝에 0이 1개!

⑤ $472 \times 30 =$

⑥ $731 \times 60 =$

⑦ $608 \times 50 =$

① $528 \times 30 =$

② $312 \times 60 =$

⑧ $536 \times 40 =$

③ $281 \times 40 =$

⑨ $873 \times 50 =$

④ $625 \times 30 =$

⑩ $953 \times 70 =$

집중 시간 ☺ 4분 ☺

✿ 곱셈을 하세요.

①
$$421 \times 40$$

②
$$251 \times 70$$

③
$$529 \times 30$$

④
$$742 \times 60$$

⑤
$$638 \times 30$$

⑥
$$345 \times 70$$

⑦
$$437 \times 60$$

⑧
$$894 \times 20$$

⑨
$$518 \times 60$$

⑩
$$905 \times 80$$

앗! 실수

⑪
$$189 \times 60$$

⑫
$$519 \times 70$$

⑬
$$675 \times 80$$

0을 한 개 붙이고
시작하는 것!
잊지 말아요.

✳ 빈칸에 알맞은 수를 써넣으세요.

① ⊗ →

163	30	4890
324	50	

163×30

324×50

화살표 방향으로
두 수의 곱을 구해 보세요.

② ⊗ →

452	20	
289	40	

④ ⊗ →

539	70	
820	90	

③ ⊗ →

175	50	
463	60	

⑤ ⊗ →

671	60	
904	80	

25 일의 자리와 십의 자리 수로 나누어 곱하자

✂ 곱셈을 하세요.

❶ 124×3

```
                I  ← 올림한 수를 작게 써요.
        1  2  4
  ×        2  3
        3  7  2
```
🔔 곱에 올림이 있어요.

➡

❷ 124×20

```
              I
        1  2  4
  ×        2  3
        3  7  2
     2  4  8  0
```

➡

❸ ❶과 ❷의 합

```
              I
        1  2  4
  ×        2  3
        3  7  2
     2  4  8  0
     2  8  5  2
```
🔔 덧셈 과정에서 받아올림이 있어요.

	천	백	십	일		천	백	십	일		만	천	백	십	일
❶		2	2	3	❸		5	2	3	❺		4	3	9	
	×		3	2		×		1	8		×		2	4	
+					223×2										
				0	223×30										
❷		3	2	4	❹		3	5	6	❻		5	6	2	
	×		1	2		×		2	5		×		3	6	
+															

25

집중 시간
5분

✿ 곱셈을 하세요.

만	천	백	십	일		만	천	백	십	일		만	천	백	십	일
❶		3	2	7		❹		6	3	4		❼		9	6	1
	×		4	3			×		2	4			×		4	7

⟨327×3⟩
0 ⟨327×40⟩

곱하는 수를 일의 자리와
십의 자리 수로 나누어
각각 곱한 다음 두 값을 더해요.

❷		4	5	2		❺		5	9	3		❽		7	2	0
	×		3	2			×		5	2			×		6	3

✿앗! 실수

0

십의 자리에 0이 나오면
잊지 말고 꼭 써 줘요.

❸		8	2	4		❻		4	2	7		❾		6	8	2
	×		7	2			×		4	5			×		5	1

26 올림이 있으면 올림한 수를 꼭 쓰면서 풀자

✂ 곱셈을 하세요.

> 어려운 문제가 있으면
> ☆ 표시를 하고 한 번 더 풀어 봐요.

만	천	백	십	일			만	천	백	십	일			만	천	백	십	일
❶		2	6	7			❹		4	7	8			❼		6	3	7
	×		3	5				×		2	5				×		2	6

앗! 실수

만	천	백	십	일			만	천	백	십	일			만	천	백	십	일
❷		5	9	1			❺		7	5	5			❽		1	3	9
	×		3	3				×		2	3				×		9	8

> 조심! 곱셈의 올림을 더할 때
> 받아올림이 헷갈릴 수 있어요.

만	천	백	십	일			만	천	백	십	일			만	천	백	십	일
❸		6	3	4			❻		9	3	1			❾		8	6	5
	×		5	2				×		5	7				×		4	6

곱셈 | 69

26

❋ 세로셈으로 나타내고, 곱셈을 하세요.

① 254×52

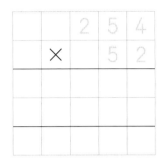

④ 406×72

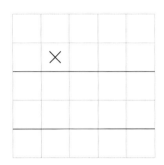

⑦ 725×51

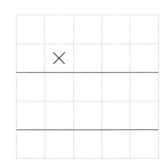

② 336×42

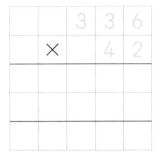

⑤ 538×34

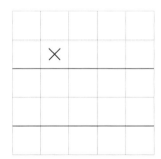

⑧ 821×53

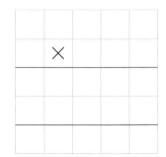

③ 375×35

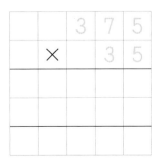

⑥ 624×39

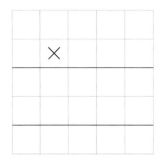

⑨ 950×46

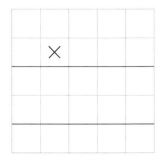

27 복잡한 가로셈은 세로셈으로 바꾸어 풀자

집중 시간 7분

곱셈을 하세요.

① $265 \times 32 =$

세 자리 수와 두 자리 수의 곱셈은
가로셈을 세로셈으로 바꾸어
차근차근 풀면 어렵지 않아요.

② $177 \times 23 =$

③ $342 \times 28 =$

④ $453 \times 17 =$

⑤ $584 \times 51 =$

⑥ $473 \times 42 =$

⑦ $512 \times 27 =$

⑧ $725 \times 32 =$

⑨ $673 \times 34 =$

⑩ $806 \times 58 =$

❀ 곱셈을 하세요.

① 346×27 =

② 421×35 =

③ 520×41 =

④ 813×54 =

⑤ 855×26 =

앗! 실수

⑥ 374×29 =

⑦ 486×67 =

⑧ 794×28 =

⑨ 678×39 =

잘하고 있어요!
올림한 것 잊지 않게
꼭 쓰며 계산해요!

28 (세 자리 수)×(두 자리 수) 집중 연습

집중 시간 6분

✂ 곱셈을 하세요.

급하게 풀지 않아도 돼요. 속도보다는
정확하게 푸는 게 먼저예요!

①
$$172 \times 38$$

②
$$263 \times 45$$

③
$$342 \times 84$$

④
$$478 \times 63$$

⑤
$$587 \times 42$$

⑥
$$605 \times 92$$

⑦
$$761 \times 33$$

⑧
$$832 \times 71$$

⑨ $291 \times 43 =$

⑩ $382 \times 35 =$

⑪ $472 \times 24 =$

⑫ $582 \times 72 =$

곱셈 | 73

✿ 빈칸에 알맞은 수를 써넣으세요.

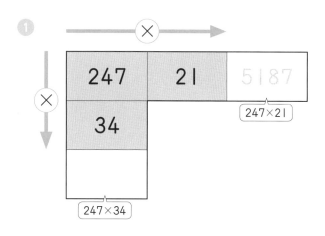

247 × 21

247 × 34

화살표 방향으로
두 수의 곱을 구해 보세요.

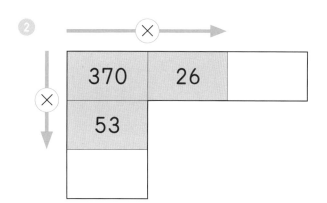

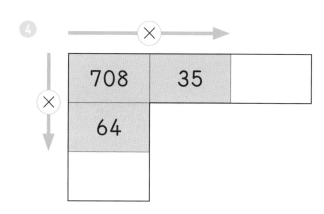

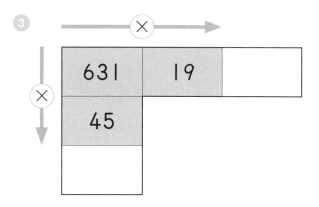

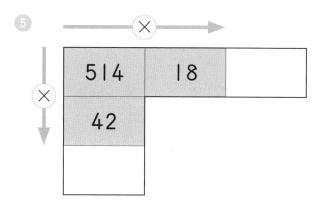

생활 속 연산 – 곱셈

✂ 그림을 보고 ☐ 안에 알맞은 수를 써넣으세요.

①

400원짜리 막대사탕 30개의 가격은

☐ 원입니다.

②

750원짜리 아이스크림 15개의 가격은

☐ 원입니다.

③

서울에서 대구까지의 거리는 282 km입니다.

이 거리를 자동차로 10번 왕복하면 이동한 거리는

☐ km입니다.

└ 왕복은 갔다 온 것이므로
2배인 20을 곱해 주면 돼요.

④

하루에 23 km씩 달리는 자동차가 있습니다.

이 자동차는 1년 동안 ☐ km를

└ 1년은 365일이에요.

달리게 됩니다.

🐾 강아지가 동굴 안의 보물을 찾으려고 합니다. 올바른 답이 적힌 길을 따라가 보세요.

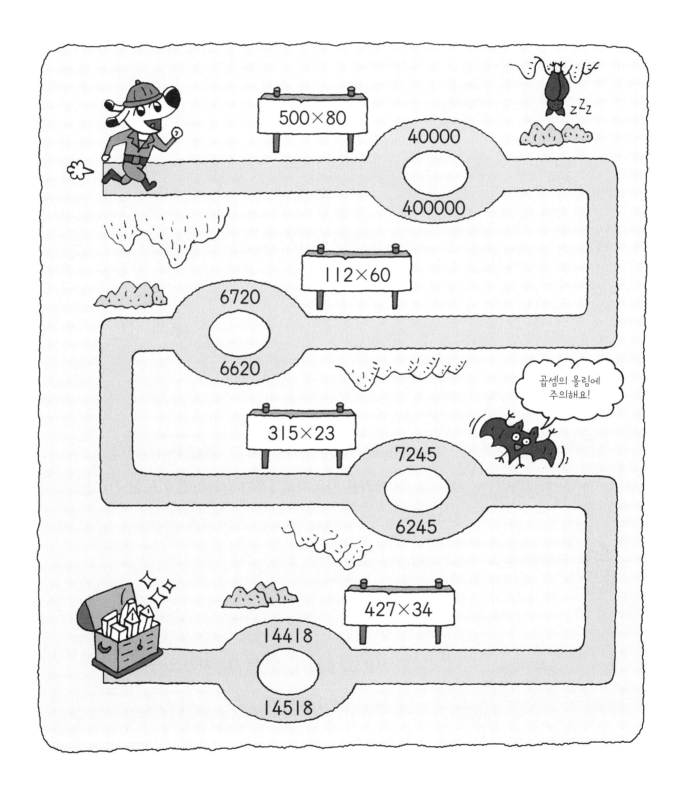

*틀린 문제는 꼭 다시 확인하고 넘어가요!

□ 안에 알맞은 수를 써넣으세요.

① $400 \times 60 = \square$

② $124 \times 20 = \square$

③ $321 \times 40 = \square$

④ $312 \times 60 = \square$

⑤ $251 \times 60 = \square$

⑥ $904 \times 80 = \square$

⑦ $124 \times 23 = \square$

⑧ $421 \times 35 = \square$

⑨ $608 \times 50 = \square$

⑩ $805 \times 80 = \square$

⑪ $293 \times 30 = \square$

⑫ $615 \times 20 = \square$

⑬ $473 \times 43 = \square$

⑭ $850 \times 29 = \square$

⑮ 경희는 문구점에서 980원짜리 연필 20자루를 샀습니다. 경희가 산 연필 20자루의 가격은 □원입니다.

오늘 공부한
단계를 색칠해
보세요!

31

33

32

34

35

37

36

30

넷째 마당

나눗셈(1)

42

38

41

40

39

☆ 몇백몇십을 몇십으로 나누기

(몇십몇)÷(몇)을 계산하여 몫을 구합니다.

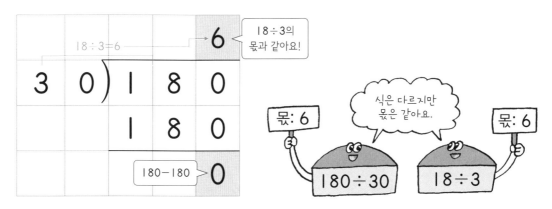

☆ 두 자리 수끼리 나누기

곱셈으로 몫을 어림하여 나눗셈을 합니다.

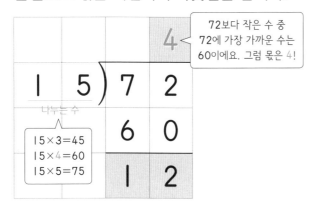

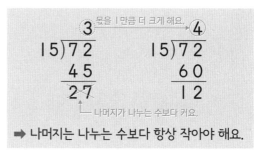

→ 나머지는 나누는 수보다 항상 작아야 해요.

잠깐! 퀴즈 240÷60과 몫이 같은 나눗셈은 무엇일까요?

① 12÷4   ② 24÷6

30 120÷20과 12÷2의 몫은 같아!

집중 시간
3분

✂ 나눗셈을 하세요.

> 160÷20을 16÷2로
> 생각해서 몫을 구해 봐요.

```
           8
    2 0 ) 1 6 0
  16÷2    1 6 0   ← 20×8
              0   ← 160-160
```

⑦

	백	십	일

```
    4 0 ) 2 8 0
```

①
| | 백 | 십 | 일 |
```
    5 0 ) 3 0 0
```

> 나머지는 나누는 수보다
> 항상 작아야 해요!

④
| | 백 | 십 | 일 |
```
    2 0 ) 1 8 0
```

⑧
```
    9 0 ) 3 6 0
```

②
```
    4 0 ) 2 0 0
```

⑤
| | 백 | 십 | 일 |
```
    7 0 ) 1 4 0
```

⑨
```
    6 0 ) 5 4 0
```

③
```
    6 0 ) 2 4 0
```

⑥
```
    5 0 ) 4 0 0
```

⑩
```
    8 0 ) 4 8 0
```

> 나머지가 0이면
> '나누어떨어진다'고 표현해요.

❋ 나눗셈을 하세요.

	백	십	일

① 3 0) 2 7 0

⑤ 6 0) 3 6 0

⑨ 7 0) 4 9 0

② 5 0) 3 5 0

⑥ 7 0) 2 8 0

⑩ 9 0) 5 4 0

③ 4 0) 3 2 0

⑦ 3 0) 1 8 0

⑪ 8 0) 5 6 0

④ 8 0) 4 0 0

⑧ 4 0) 3 6 0

* 계산이 맞는지 확인하는 방법

나눗셈식 $240 \div 80 = 3$

확인 $80 \times 3 = 240$

나누는 수와 몫의 곱이
나누어지는 수가 나오면 정답!

31 뒤의 0을 하나씩 지우고 몫을 찾자

✂ 나눗셈을 하세요.

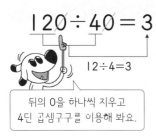

$120 \div 40 = 3$

$12 \div 4 = 3$

뒤의 0을 하나씩 지우고
4단 곱셈구구를 이용해 봐요.

① $160 \div 20 =$

② $210 \div 30 =$

③ $210 \div 70 =$

④ $250 \div 50 =$

⑤ $150 \div 30 =$

⑥ $300 \div 60 =$

⑦ $720 \div 80 =$

⑧ $630 \div 90 =$

⑨ $540 \div 60 =$

⑩ $560 \div 70 =$

⑪ $720 \div 90 =$

31

집중 시간
3분

❋ 나눗셈을 하세요.

* 조심! 몫은 정확한 위치에 써요.

$$30\overline{)270}\ \ ^{9}$$ $$30\overline{)270}\ \ ^{9}$$

몫을 오른쪽 끝에 맞추어 쓰도록 주의하세요!

⑤ $$40\overline{)240}$$

① $$30\overline{)240}$$

② $$40\overline{)160}$$

③ $$80\overline{)320}$$

④ $$70\overline{)420}$$

⑥ $$60\overline{)480}$$

⑦ $$90\overline{)450}$$

⑧ $$70\overline{)350}$$

⑨ $$60\overline{)360}$$

뒤의 0을 하나씩 지우고 5단 곱셈구구를 이용하세요~

⑩ $450 \div 50 =$

⑪ $280 \div 40 =$

⑫ $640 \div 80 =$

⑬ $420 \div 60 =$

⑭ $810 \div 90 =$

32 나머지는 나누는 수보다 항상 작아!

😊 나눗셈을 하세요.

```
        2
20) 4 3
    4 0
      3
```

20×1=20
20×2=40
20×3=60

43보다 작은 수 중 43에 가장 가까운 수는 40이에요. 그럼 몫은 2!

① 40) 7 6

② 50) 8 2

③ 30) 6 7

④ 20) 8 1

⑤ 40) 6 5

⑥ 20) 7 9

⑦ 30) 8 4

⑧ 40) 9 8

⑨ 70) 8 6

⑩ 20) 9 1

나머지가 나누는 수보다 크다면 몫을 1 크게 생각해 봐요.

집중 시간
😊 3분 😀

✂ 나눗셈을 하세요.

일의 자리 숫자를 0으로 생각해
몇십으로 어림하면 쉬워요.

	십	일

① 2 0) 6 4

② 3 0) 7 2

③ 5 0) 9 1

④ 4 0) 8 2

⑤ 2 0) 8 7

⑥ 6 0) 8 3

⑦ 4 0) 7 4

⑧ 3 0) 9 8

⑨ 5 0) 7 8

⑩ 3 0) 6 9

⑪ 4 0) 9 7

⑫ 2 0) 8 9

* 어림을 쉽게 하는 비법   뒤를 손으로 가려서 0으로 생각해 봐~

40) 8 2   ➡   40) 8🖐

80÷40은 2이니까 82÷40도 쉽게 어림할 수 있어요.

🦴 나눗셈을 하고, 계산이 맞는지 확인하세요.

①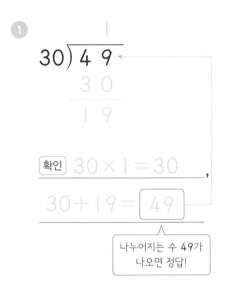

```
      1
30 ) 4 9
     3 0
     1 9
```

확인 30 × 1 = 30 ,

30 + 19 = 49

나누어지는 수 49가
나오면 정답!

* 계산이 맞는지 확인하는 방법

나눗셈식 $49 \div 30 = 1 \cdots 19$

확인 $30 \times 1 = 30$

$30 + 19 = 49$

나누는 수와 몫의 곱에 나머지를 더하면
나누어지는 수가 되어야 해요.

②
```
20 ) 6 3
```

확인 20 × = ,

＿＿ + ＿＿ = ＿＿

④
```
40 ) 8 6
```

확인 ＿＿＿＿＿＿ ,

＿＿＿＿＿＿

⑥
```
30 ) 9 5
```

확인 ＿＿＿＿＿＿ ,

＿＿＿＿＿＿

③
```
40 ) 9 1
```

확인 × = ,

＿＿ + ＿＿ = ＿＿

⑤
```
30 ) 6 2
```

확인 ＿＿＿＿＿＿ ,

＿＿＿＿＿＿

⑦
```
20 ) 8 4
```

확인 ＿＿＿＿＿＿ ,

＿＿＿＿＿＿

집중 시간
5분

나눗셈을 하고, 계산이 맞는지 확인하세요.

시간이 걸리더라도 계산이 맞았는지
확인하는 습관이 매우 중요해요!

① $52 \div 20 =$ ☐ 몫 2 ⋯ ☐ 나머지 12

$$20 \overline{)52} \\ \quad 40 \\ \quad 12$$

확인 $20 \times 2 = 40$,
$40 + 12 = 52$

⑤ $63 \div 30 =$

확인 _____ ,

_____

② $78 \div 30 =$ ☐ ⋯ ☐

확인 $30 \times$ ___ = ,
___ + ___ = ___

⑥ $76 \div 20 =$

확인 _____ ,

_____

③ $64 \div 50 =$

확인 ___ × ___ = ___ ,
___ + ___ = ___

⑦ $96 \div 20 =$

확인 _____ ,

_____

④ $84 \div 40 =$

확인 _____ ,

_____

⑧ $85 \div 30 =$

확인 _____ ,

_____

곱셈식을 이용해서 몫 어림하기

집중 시간
4분

✂ 나눗셈을 하세요.

```
        6
2 0)1 2 5
    1 2 0
        5
```

✳ 어림하는 방법 1

| 20×5=100 |
| 20×6=120 |
| 20×7=140 |

125보다 작은 수 중 125에 가장
가까운 수는 120이니까 몫은 6!

✳ 어림하는 방법 2

20)125

일의 자리 수를 손으로 가리고
0이라 생각하고 어림해요.
20×6=120이니까 몫은 6!

❶
```
4 0)2 6 8
```

❹
```
2 0)1 1 4
```

❼
```
6 0)3 7 5
```

❷
```
3 0)1 7 4
```

❺
```
4 0)1 5 3
```

❽
```
8 0)4 5 1
```

❸
```
5 0)2 4 6
```

❻
```
7 0)3 5 2
```

❾
```
9 0)5 2 4
```

34

✂ 나눗셈을 하세요.

		백	십	일				백	십	일				백	십	일

1 3 0) 2 4 8

5 5 0) 2 9 8

9 7 0) 5 8 1

2 4 0) 3 2 5

6 7 0) 4 6 2

10 6 0) 3 0 4

3 2 0) 1 5 2

7 4 0) 3 0 6

11 5 0) 4 8 5

4 6 0) 2 1 7

8 8 0) 4 1 3

12 9 0) 6 3 2

넌 항상 나보다 작아. **나누는 수** > **나머지** 나누어 떨어지지 않았을 때 내가 있어.

---

90 **바빠** 교과서 연산

35 (세 자리 수)÷(몇십) 풀고 맞는지 확인하자

❊ 나눗셈을 하고, 계산이 맞는지 확인하세요.

①

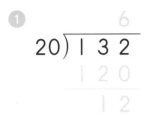

$$20)\overline{132}$$

[확인] $20 \times 6 = 120$,

$120 + 12 = 132$

> 나누어지는 수
> 132가 나오면 정답!

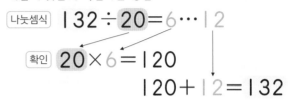

＊ 계산이 맞는지 확인하는 방법

[나눗셈식] $132 \div 20 = 6 \cdots 12$

[확인] $20 \times 6 = 120$

$120 + 12 = 132$

나누는 수와 **몫**의 곱에 **나머지**를 더하면 나누어지는 수가 되어야 해요.

②

$$50)\overline{175}$$

[확인] $50 \times = $,

$ + = $

> 나머지가 나누는 수보다 작은지 확인하고, 나머지를 꼭 더해 맞는지 확인해요.

④

$$60)\overline{408}$$

[확인] _____ ,

_____

⑥

$$90)\overline{643}$$

[확인] _____ ,

_____

③

$$40)\overline{216}$$

[확인] $ \times = $,

$ + = $

⑤

$$70)\overline{369}$$

[확인] _____ ,

_____

⑦

$$80)\overline{742}$$

[확인] _____ ,

_____

35

✳ 나눗셈을 하고, 계산이 맞는지 확인하세요.

① $164 \div 30 = \boxed{5} \cdots \boxed{14}$

몫 나머지

확인 $30 \times 5 = 150$,

$150 + 14 = 164$

> 나누는 수와 몫을 곱한 다음,
> 나머지를 더해 줘요!

⑤ $381 \div 70 =$

확인 _____ ,

_____

② $243 \div 50 = \boxed{} \cdots \boxed{}$

확인 $50 \times = $,

$ + = $

⑥ $197 \div 20 =$

확인 _____ ,

_____

③ $378 \div 60 =$

확인 $ \times = $,

$ + = $

⑦ $256 \div 40 =$

확인 _____ ,

_____

④ $405 \div 90 =$

확인 _____ ,

_____

⑧ $539 \div 80 =$

확인 _____ ,

_____

36 나머지가 없는 두 자리 수끼리의 나눗셈

❀ 나눗셈을 하세요.

	십	일

①
$$28)\overline{56}$$
    2
    5 6 ← 28×2
      0 ← 56−56

⑤
$$17)\overline{51}$$

⑨
$$24)\overline{72}$$

②
$$27)\overline{81}$$

⑥
$$37)\overline{74}$$

⑩
$$25)\overline{75}$$

③
$$13)\overline{52}$$

⑦
$$16)\overline{48}$$

⑪
$$12)\overline{84}$$

④
$$12)\overline{60}$$

⑧
$$49)\overline{98}$$

⑫
$$16)\overline{96}$$

나머지가 0이면
'나누어떨어진다'고 표현해요.

집중 시간
3분

❋ 나눗셈을 하세요.

	십	일				십	일				십	일

① 1 6) 3 2

⑤ 3 5) 7 0

⑨ 1 8) 9 0

② 1 5) 6 0

⑥ 3 8) 7 6

⑩ 1 2) 9 6

③ 2 6) 5 2

⑦ 2 9) 8 7

⑪ 1 4) 8 4

④ 2 4) 9 6

⑧ 2 3) 9 2

✳ 어림을 쉽게 하는 비법

4부터 어림해 봐.

음... ➤ 23) 9 2 ➡ 4 / 20) 9 0

가까운 수로 바꾸어
수를 단순하게 만들어 어림해 봐요.

몫을 어림해서 가로셈 쉽게 풀기

❀ 나눗셈을 하세요.

❶ $45 \div 15 = 3$

> $15 \times 3 = 45$이니까
> $45 \div 15 = 3$이에요.

❷ $58 \div 29 =$

❸ $42 \div 14 =$

❹ $54 \div 27 =$

❺ $72 \div 36 =$

❻ $80 \div 16 =$

❼ $38 \div 19 =$

❽ $54 \div 18 =$

❾ $92 \div 46 =$

❿ $72 \div 12 =$

⓫ $65 \div 13 =$

* 계산이 맞는지 확인하는 방법

나눗셈식 $45 \div 15 = 3$

확인 $15 \times 3 = 45$

나누는 수와 몫의 곱이
나누어지는 수가 나오면 정답!

❀ 나눗셈을 하세요.

앗! 실수

① $90 \div 45 =$

⑦ $76 \div 19 =$

② $68 \div 17 =$

⑧ $91 \div 13 =$

③ $64 \div 16 =$

⑨ $98 \div 14 =$

④ $56 \div 14 =$

⑩ $85 \div 17 =$

⑤ $78 \div 26 =$

⑪ $78 \div 13 =$

⑥ $96 \div 48 =$

⑫ $95 \div 19 =$

나머지가 나누는 수보다 크면 몫을 1 크게 하자!

집중 시간
4분

❀ 나눗셈을 하세요.

* 나머지는 나누는 수보다 항상 작아요.

```
        2
  2 1)7 1
      4 2
21<29 2 9
```

```
         →  3
  2 1)7 1
      6 3  ⎯21×3
        8  ⎯71-63
```

⑦
|십|일|
```
  3 8)7 9
```

①
```
  1 5)4 2
```

④
```
  3 1)6 7
```

⑧
```
  1 7)5 6
```

②
```
  2 9)7 3
```

⑤
```
  1 6)4 9
```

⑨
```
  1 3)6 8
```

③
```
  1 2)5 4
```

⑥
```
  4 1)9 1
```

⑩
```
  1 4)9 5
```

38

나눗셈을 하세요.

	십	일

① 1 7) 6 2

⑤ 4 6) 9 5

⑨ 1 5) 8 3

② 2 3) 7 0

⑥ 1 6) 8 6

⑩ 2 9) 7 6

③ 1 4) 6 5

⑦ 3 8) 9 7

앗! 실수

⑪ 1 3) 9 2

④ 2 5) 7 3

⑧ 2 7) 8 9

⑫ 1 9) 9 9

나머지가 나보다 더 크면 몫을 1만큼 더 큰 수로!

난 나누는 수보다 항상 작아요~

나누는 수 > 나머지

❀ 나눗셈을 하고, 계산이 맞는지 확인하세요.

①

$$16\overline{)54}$$
$$3$$
$$48$$
$$6$$

확인 $16 \times 3 = 48$,

$48 + 6 = 54$

나누어지는 수 54가
나오면 정답!

＊ 계산이 맞는지 확인하는 방법

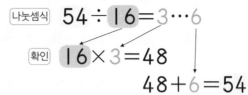

나눗셈식 $54 \div 16 = 3 \cdots 6$

확인 $16 \times 3 = 48$

$48 + 6 = 54$

나누는 수와 몫의 곱에 나머지를 더하면 나누어지는 수가 되어야 해요.

②

$$37\overline{)82}$$

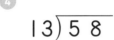

확인 $37 \times \quad = \quad$,

$+ \quad = \quad$

④

$$13\overline{)58}$$

확인 _____,

_____

⑥

$$34\overline{)81}$$

확인 _____,

_____

③

$$14\overline{)74}$$

확인 _____,

_____

⑤

$$19\overline{)75}$$

확인 _____,

_____

⑦

$$18\overline{)98}$$

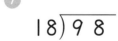

확인 _____,

_____

✿ 나눗셈을 하고, 계산이 맞는지 확인하세요.

① $58 \div 14 = \boxed{4} \cdots \boxed{2}$
    몫   나머지

[확인] $14 \times 4 = 56$,

$56 + 2 = 58$

> 나누는 수와 몫의 곱에
> 나머지를 더해 줘요!

② $64 \div 21 = \boxed{} \cdots \boxed{}$

[확인] $21 \times = $,

$ + = $

③ $49 \div 17 =$

[확인] _____ ,

_____

④ $87 \div 24 =$

[확인] _____ ,

_____

⑤ $76 \div 27 =$

[확인] _____ ,

_____

⑥ $59 \div 13 =$

[확인] _____ ,

_____

⑦ $85 \div 26 =$

[확인] _____ ,

_____

⑧ $98 \div 12 =$

[확인] _____ ,

_____

40 가로셈으로 풀어 보고 세로셈으로 확인하면 최고!

❁ 나눗셈을 하세요.

① $43 \div 21 = \boxed{2} \cdots \boxed{1}$

    몫

    나머지

    $\boxed{21 \times 2 = 42}$ $\boxed{43 - 42}$

✳ 가까운 수로 바꾸어 단순한 식으로 나타내 어림하기

$\boxed{43 \div 21} \Rightarrow \boxed{40 \div 20}$

$\boxed{47 \div 19} \Rightarrow \boxed{50 \div 20}$

② $47 \div 19 =$

③ $83 \div 26 =$

④ $91 \div 18 =$

⑤ $49 \div 14 =$

⑥ $86 \div 12 =$

⑦ $54 \div 23 =$

⑧ $82 \div 16 =$

⑨ $70 \div 13 =$

⑩ $76 \div 12 =$

⑪ $90 \div 24 =$

집중 시간
😊 5분 😣

✂ 나눗셈을 하세요.

① $56 \div 12 =$

② $70 \div 15 =$

③ $63 \div 14 =$

④ $79 \div 26 =$

⑤ $85 \div 34 =$

⑥ $92 \div 25 =$

👀 앗! 실수

⑦ $84 \div 26 =$

⑧ $73 \div 19 =$

⑨ $93 \div 18 =$

⑩ $96 \div 27 =$

나머지가 나보다 더 크면
몫을 1만큼 더 큰 수로!

난 나누는 수보다
항상 작아요~

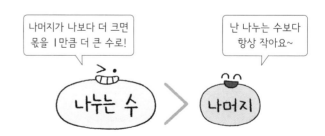

나누는 수 > 나머지

41 나머지가 있는 두 자리 수끼리의 나눗셈 한 번 더!

집중 시간 5분

❀ 나눗셈을 하세요.

몫 나머지

①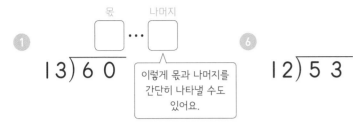

$13 \overline{)60}$

이렇게 몫과 나머지를 간단히 나타낼 수도 있어요.

⑥ $12 \overline{)53}$

⑪ $14 \overline{)92}$

② $23 \overline{)87}$

⑦ $18 \overline{)49}$

⑫ $19 \overline{)89}$

③ $16 \overline{)69}$

⑧ $27 \overline{)71}$

⑬ $18 \overline{)96}$

④ $37 \overline{)84}$

⑨ $15 \overline{)88}$

차근차근 연습하니 나머지가 있는 나눗셈도 어렵지 않죠?

⑤ $28 \overline{)69}$

⑩ $24 \overline{)75}$

41

✂ ◯ 안의 수를 바깥 수로 나누어 큰 원의 빈 곳에 몫을 써넣고, 나머지는 ☐ 안에 써넣으세요.

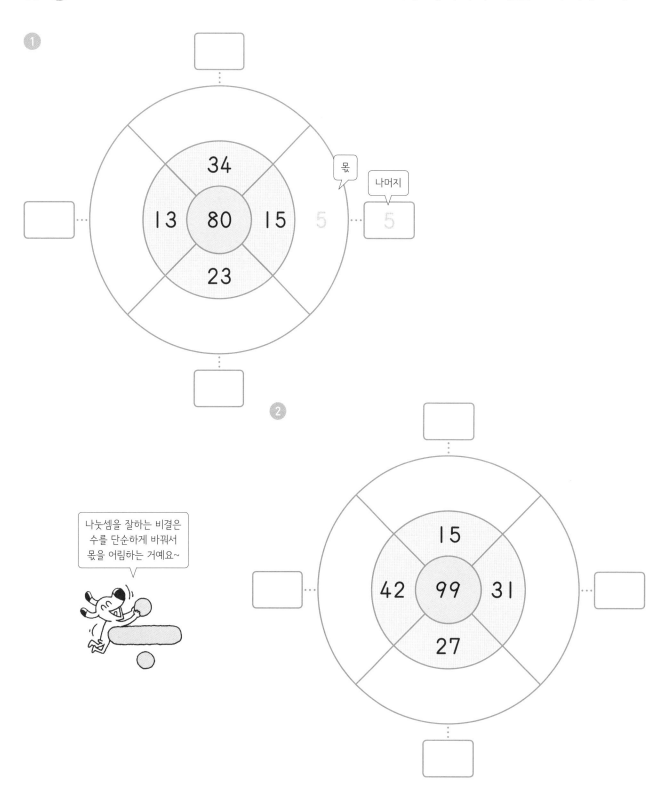

42 생활 속 연산 – 나눗셈(1)

집중 시간 4분

❀ ☐ 안에 알맞은 수를 써넣으세요.

1

초콜릿 84개를 14명에게 똑같이 나누어 주면
한 명이 ☐개씩 먹을 수 있습니다.

2

75÷15

수학 문제 75문제를 하루에 15문제씩 풀면
문제를 모두 푸는 데 ☐일이 걸립니다.

3

선물 포장에 사용하기 위해 길이가 94 m인
노끈을 20 m씩 자르면 4도막이 되고
☐m가 남습니다.

4

쿠키 80개를 한 상자에 12개씩 포장하면
☐상자가 만들어지고 ☐개가 남습니다.

세 개의 문 중 나눗셈의 <u>나머지가 가장 큰 문</u>을 열면 보물을 찾을 수 있어요. 계산을 하고
보물이 숨겨진 문에 ◯표 하세요.

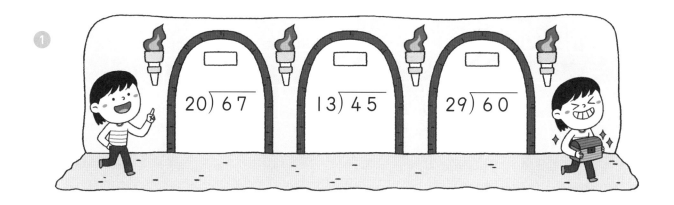

❶ $20\overline{)67}$ $13\overline{)45}$ $29\overline{)60}$

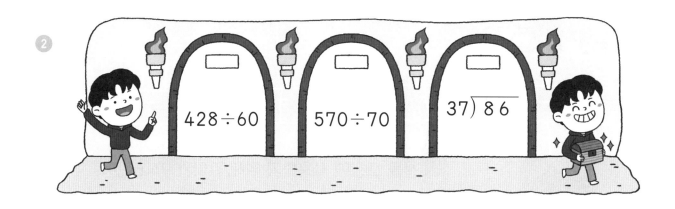

❷ $428 \div 60$ $570 \div 70$ $37\overline{)86}$

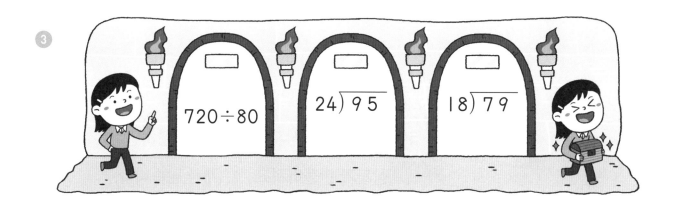

❸ $720 \div 80$ $24\overline{)95}$ $18\overline{)79}$

넷째 마당까지
다 풀었네~
정말 대단해!

✿ □ 안에 알맞은 수를 써넣으세요.

① 40)120 □

② 70)630 □

③ 16)96 □

④ 15)75 □

⑤ 40)83 □ ⋯ □
（몫）（나머지）

⑥ 20)108 □ ⋯ □

⑦ 16)54 □ ⋯ □

⑧ 540÷90＝□

⑨ 630÷70＝□

⑩ 92÷23＝□

⑪ 54÷18＝□

⑫ 136÷40＝□ ⋯ □
（몫）（나머지）

⑬ 69÷28＝□ ⋯ □

⑭ 89÷19＝□ ⋯ □

⑮ 사탕 64개를 한 사람당 12개씩 나누어 주면 □명에게 줄 수 있고 □개가 남습니다.

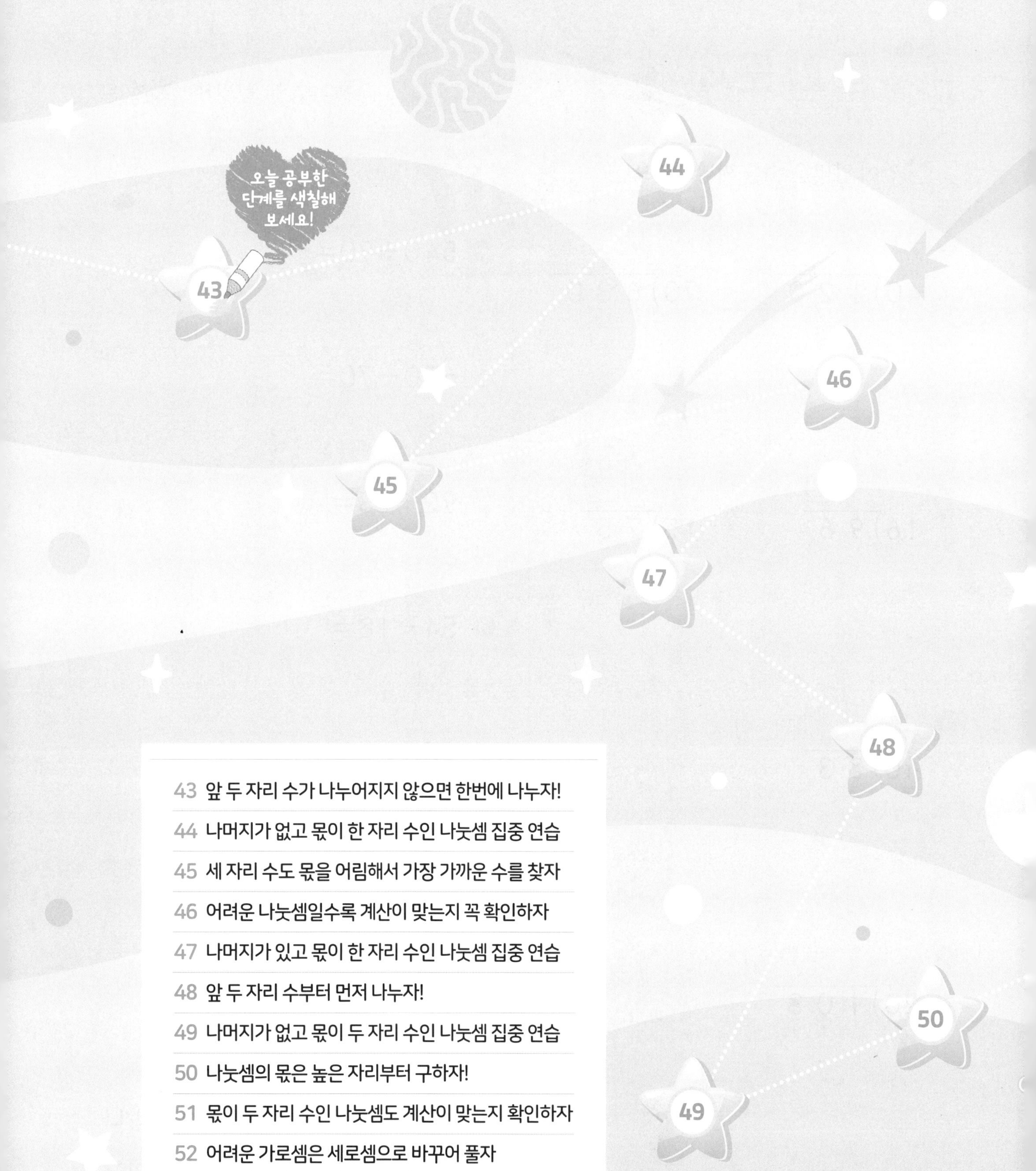

오늘 공부한
단계를 색칠해
보세요!

43

44

45

46

47

48

49

50

다섯째 마당

나눗셈(2)

54

51

53

52

바빠 개념 쏙쏙!

☆ 나머지가 있는 (세 자리 수)÷(두 자리 수)

① 몫이 한 자리 수인 경우

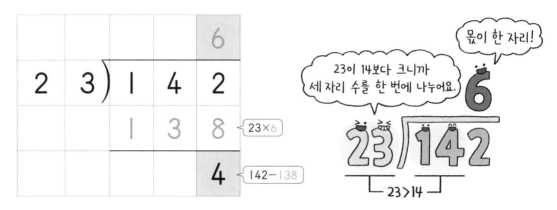

② 몫이 두 자리 수인 경우

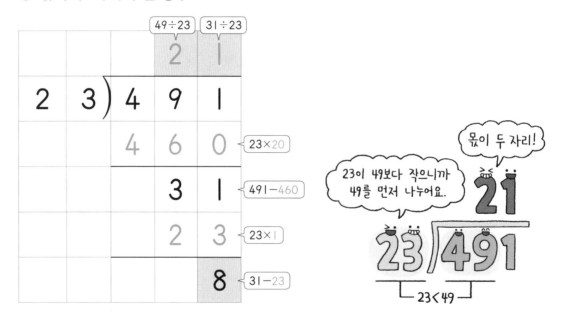

잠깐!
퀴즈

141÷18과 140÷20의 몫은 얼마일까요?

① 7   ② 8

정답 ①

43 앞 두 자리 수가 나누어지지 않으면 한번에 나누자!

집중 시간
4분

✣ 나눗셈을 하세요.

```
        8
15)1 2 0
   1 2 0
        0
```

나누는 수가
나누어지는 수의
앞의 두 자리 수보다 크면
몫은 한 자리 수예요!

15>12이므로
몫은 한 자리 수예요.

⑦ (백)(십)(일)
```
4 7)1 4 1
```

① (백)(십)(일)
```
2 4)1 6 8
```

④ (백)(십)(일)
```
3 3)2 6 4
```

⑧
```
8 7)1 7 4
```

②
```
3 2)1 9 2
```

⑤
```
5 2)2 6 0
```

⑨
```
9 4)2 8 2
```

③
```
4 2)2 1 0
```

⑥
```
6 7)2 6 8
```

⑩
```
7 3)5 1 1
```

* 조심! 몫은 정확한 위치에 써야 해요.

```
      8          8 0          8
15)1 2 0     15)1 2 0     15)1 2 0
```

15>12이므로 몫은 한 자리 수가 돼요.

나눗셈(2) | 111

✿ 나눗셈을 하세요.

	백	십	일

① 13)117 ⑤ 38)228 ⑨ 17)119

② 34)136 ⑥ 57)456 ⑩ 45)315

③ 44)308 ⑦ 63)189 ⑪ 86)430

④ 18)162 ⑧ 78)468

* 어림을 쉽게 하는 비법

39)234 ➡ 40)234

39를 40으로 생각하면
40×6=240이니까
몫은 6과 가까워요.
6부터 어림해 봐요!

나머지가 없고 몫이 한 자리 수인 나눗셈 집중 연습

집중 시간
4분

✳ 나눗셈을 하세요.

① 24)120

⑤ 62)372

⑨ 95)190

② 42)168

⑥ 14)126

⑩ 85)340

③ 53)477

⑦ 83)415

⑪ 59)413

④ 69)276

⑧ 75)525

역시 처음에 몫의 위치를 정확히 찾는 게 중요해.

59 413

집중 시간 5분

나눗셈을 하세요.

세로셈으로 바꾸어 풀면 훨씬 쉬워요!

1. $176 \div 44 =$

2. $154 \div 22 =$

3. $162 \div 27 =$

4. $315 \div 35 =$

5. $192 \div 64 =$

6. $410 \div 82 =$

7. $219 \div 73 =$

8. $372 \div 93 =$

9. $232 \div 58 =$

10. $544 \div 68 =$

11. $651 \div 93 =$

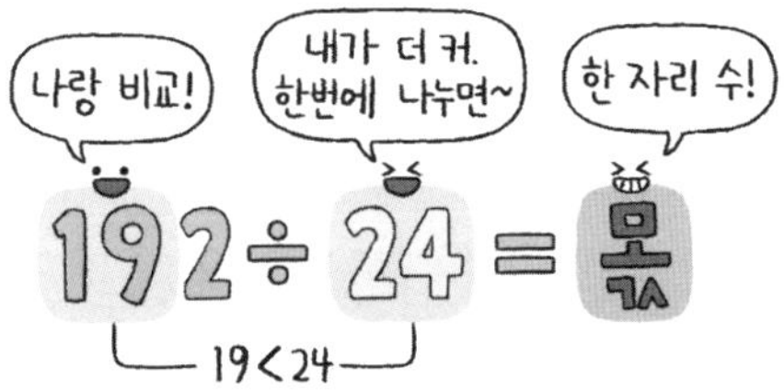
나랑 비교!
내가 더 커. 한번에 나누면~
한 자리 수!
192÷24=몫
19<24

45 세 자리 수도 몫을 어림해서 가장 가까운 수를 찾자

집중 시간 4분

🞮 나눗셈을 하세요.

```
              6
    2 1 ) 1 2 8
21×6 → 1 2 6
128-126 →     2
```

* 어림을 쉽게 하는 비법

$21\overline{)128}$ ➡ $20\overline{)128}$

21을 20으로 생각하면
20×6=120이니까
몫은 6과 가까워요.

⑦
	백	십	일

$$4\ 6\ \overline{)1\ 8\ 7}$$

①
	백	십	일

$$2\ 5\ \overline{)1\ 5\ 5}$$

④
	백	십	일

$$5\ 2\ \overline{)3\ 1\ 5}$$

⑧

$$6\ 3\ \overline{)3\ 5\ 1}$$

②

$$3\ 4\ \overline{)1\ 8\ 2}$$

⑤

$$4\ 2\ \overline{)2\ 7\ 9}$$

⑨

$$7\ 5\ \overline{)4\ 6\ 2}$$

③

$$4\ 5\ \overline{)3\ 1\ 6}$$

⑥

$$1\ 7\ \overline{)1\ 1\ 8}$$

⑩

$$8\ 4\ \overline{)5\ 2\ 3}$$

> 나머지는 나누는 수보다
> 항상 작아야 해요!

나눗셈(2) | 115

집중 시간 4분

나눗셈을 하세요.

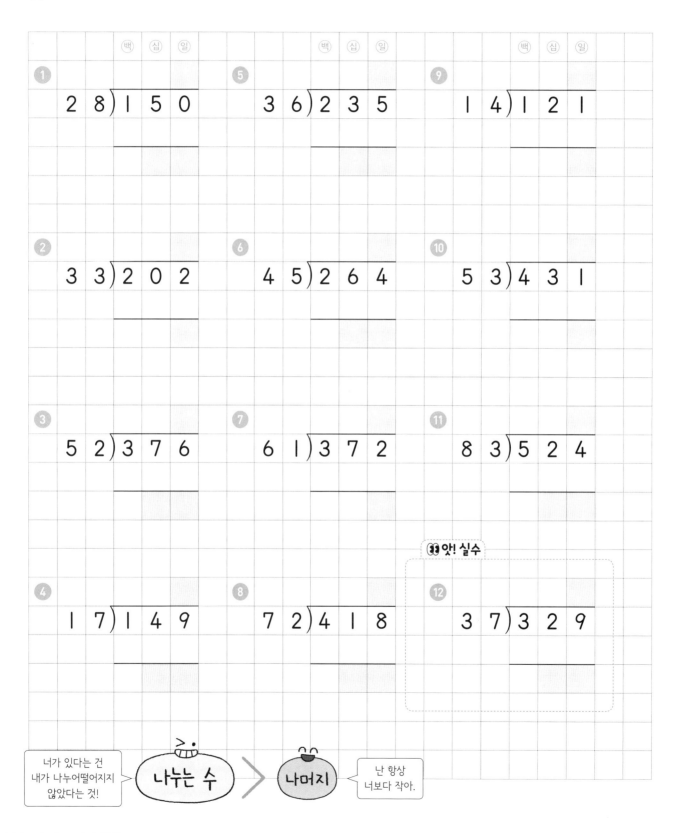

① 28)150 ⑤ 36)235 ⑨ 14)121

② 33)202 ⑥ 45)264 ⑩ 53)431

③ 52)376 ⑦ 61)372 ⑪ 83)524

④ 17)149 ⑧ 72)418 ⑫ 37)329

앗! 실수

너가 있다는 건 내가 나누어떨어지지 않았다는 것! 나누는 수 > 나머지 난 항상 너보다 작아.

어려운 나눗셈일수록 계산이 맞는지 꼭 확인하자

✂ 나눗셈을 하고, 계산이 맞는지 확인하세요.

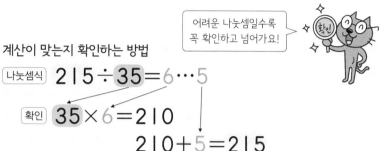

어려운 나눗셈일수록
꼭 확인하고 넘어가요!

①
```
        6
35 ) 2 1 5
      2 1 0
          5
```

확인 35×6=210 ,

210+5=215

나누어지는 수
215가 나오면 정답!

* 계산이 맞는지 확인하는 방법

나눗셈식 215÷35=6⋯5

확인 35×6=210

210+5=215

나누는 수와 몫의 곱에 나머지를 더하면 나누어지는 수가 되어야 해요.

②
```
48 ) 3 0 0
```

확인 48× = ,

+ =

④
```
63 ) 3 9 2
```

확인 ,

⑥
```
84 ) 3 7 4
```

확인 ,

③
```
27 ) 1 6 5
```

확인 × = ,

+ =

⑤
```
18 ) 1 2 5
```

확인 ,

⑦
```
72 ) 5 0 3
```

확인 ,

46

✺ 나눗셈을 하고, 계산이 맞는지 확인하세요.

① 104÷15 = 몫 6 ⋯ 나머지 14

확인 15×6=90 ,

90÷14=104

나누는 수와 몫의 곱에 나머지를 더해 줘요!

② 163÷22 = □ ⋯ □

확인 22× = ,

+ =

③ 214÷31 =

확인 × = ,

+ =

나머지를 빠뜨리지 말고 꼭 더하세요~

④ 301÷42 =

확인 ,

⑤ 232÷38 =

확인 ,

⑥ 418÷57 =

확인 ,

⑦ 326÷63 =

확인 ,

⑧ 117÷15 =

확인 ,

❀ 나눗셈을 하세요.

① $142 \div 26 =$

② $210 \div 36 =$

③ $218 \div 35 =$

④ $309 \div 56 =$

⑤ $277 \div 38 =$

⑥ $256 \div 73 =$

⑦ $204 \div 27 =$

⑧ $154 \div 23 =$

⑨ $398 \div 49 =$

⑩ $498 \div 71 =$

⑪ $436 \div 84 =$

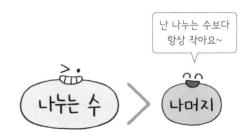

난 나누는 수보다 항상 작아요~

나누는 수 > 나머지

집중 시간 5분

나눗셈을 하세요.

1. $189 \div 31 =$

2. $228 \div 24 =$

3. $352 \div 69 =$

4. $426 \div 52 =$

5. $109 \div 18 =$

6. $459 \div 61 =$

앗! 실수

7. $135 \div 17 =$

8. $279 \div 29 =$

9. $307 \div 47 =$

10. $436 \div 69 =$

11. $294 \div 37 =$

나눗셈을 한 후 계산 결과가 맞는지
확인하는 것이 중요해요.
확인하는 습관을 가져 보세요.
확인

48 앞 두 자리 수부터 먼저 나누자!

집중 시간 4분

나눗셈을 하세요.

			1	2	
1	3	) 1	5	6	
		1	3	0	13×10
			2	6	
			2	6	13×2
				0	

15÷13 / 26÷13

높은 자리부터 차례대로 나누어 구해요.

백 십 일

⑤ 33)528

백 십 일

① 16)432

② 24)624

백 십 일

③ 17)544

④ 29)464

⑥ 42)756

⑦ 28)924

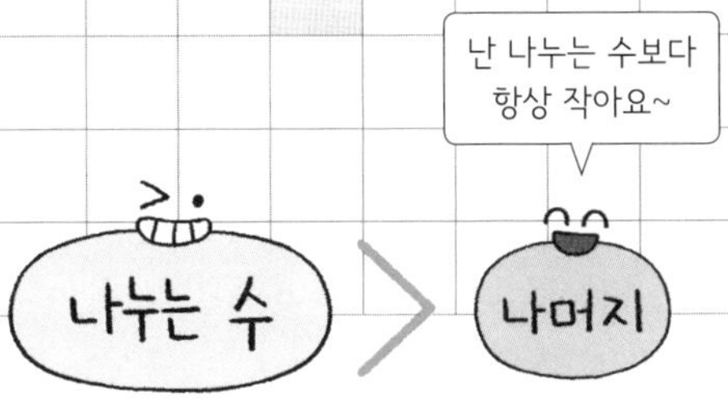

난 나누는 수보다 항상 작아요~
나누는 수
나머지

❖ 나눗셈을 하세요.

	백	십	일			백	십	일			백	십	일

① 3 2) 5 1 2

④ 6 3) 8 8 2

⑦ 1 8) 6 4 8

② 2 6) 6 2 4

⑤ 2 7) 6 2 1

⑧ 1 4) 7 4 2

③ 1 2) 4 9 2

⑥ 3 6) 9 0 0

앗! 실수

⑨ 2 9) 8 7 0

앞의 두 자리 수를 나누고
더 이상 나누어지지 않을 때에는
몫의 일의 자리에 0을 꼭 써 줘요.

✖ 나눗셈을 하세요.

①
$$12\overline{)384}$$

역시 처음에 몫의 위치를 정확히 찾는 게 중요해.

⑤
$$45\overline{)585}$$

⑨
$$23\overline{)575}$$

②
$$42\overline{)672}$$

⑥
$$18\overline{)432}$$

⑩
$$16\overline{)592}$$

③
$$34\overline{)782}$$

⑦
$$31\overline{)806}$$

✖✖ 앗! 실수

⑪
$$38\overline{)722}$$

④
$$28\overline{)504}$$

⑧
$$54\overline{)864}$$

⑫
$$26\overline{)988}$$

나눗셈을 하세요.

① $285 \div 15 =$

⑥ $552 \div 24 =$

② $416 \div 26 =$

⑦ $612 \div 36 =$

③ $588 \div 42 =$

⑧ $756 \div 27 =$

앗! 실수

④ $630 \div 18 =$

⑨ $950 \div 19 =$

⑤ $744 \div 31 =$

⑩ $897 \div 23 =$

50 나눗셈의 몫은 높은 자리부터 구하자!

집중 시간
5분

❀ 나눗셈을 하세요.

```
         18÷12   65÷12
              1   5
     1 2 ) 1  8   5
  12×10   1  2   0
              6   5
   12×5       6   0
                  5
```

③
	백	십	일

```
  4 1 ) 6 6 0
```

⑥
	백	십	일

```
  3 8 ) 6 5 3
```

①
	백	십	일

```
  3 4 ) 4 7 8
```

④
```
  2 5 ) 9 2 0
```

⑦
```
  2 3 ) 5 6 4
```

②
```
  2 7 ) 6 7 8
```

⑤
```
  2 2 ) 7 7 7
```

⑧
```
  1 6 ) 8 3 8
```

집중 시간 5분

나눗셈을 하세요.

① $13 \overline{)460}$

② $39 \overline{)617}$

③ $26 \overline{)599}$

④ $24 \overline{)653}$

⑤ $38 \overline{)851}$

⑥ $19 \overline{)738}$

⑦ $37 \overline{)724}$

⑧ $22 \overline{)956}$

앗! 실수

⑨ $18 \overline{)554}$

앞의 두 자리 수를 나누고
더 이상 나누어지지 않을 때에는
몫의 일의 자리에 0을 꼭 써 줘요.

51 몫이 두 자리 수인 나눗셈도 계산이 맞는지 확인하자

집중 시간 5분

✂ 나눗셈을 하고, 계산이 맞는지 확인하세요.

①

$$18 \overline{)415}$$

    2 3
    3 6 0
    5 5
    5 4
    1

확인 $18 \times 23 = 414,$
$414 + 1 = 415$

③

$$23 \overline{)791}$$

확인 _____ ,
_____

⑤

$$47 \overline{)859}$$

확인 _____ ,
_____

나누는 수와 몫의 곱에 나머지를 더해서
나누어지는 수가 나오면 정답!

②

$$35 \overline{)843}$$

확인 _____ ,
_____

④

$$12 \overline{)680}$$

확인 _____ ,
_____

⑥

$$26 \overline{)964}$$

확인 _____ ,
_____

나눗셈(2) | 127

✖ 나눗셈을 하고, 계산이 맞는지 확인하세요.

① $184 \div 15 =$ 몫 $\boxed{12}$ ⋯ 나머지 $\boxed{4}$

확인 $15 \times 12 = 180$,

$180 + 4 = 184$

나누는 수와 몫의 곱에 나머지를 더해 줘요!

⑤ $910 \div 24 =$

확인 ＿＿＿＿＿＿＿ ,

＿＿＿＿＿＿＿

② $480 \div 28 = \boxed{} \cdots \boxed{}$

확인 ＿＿＿＿＿＿＿ ,

＿＿＿＿＿＿＿

⑥ $867 \div 27 =$

확인 ＿＿＿＿＿＿＿ ,

＿＿＿＿＿＿＿

③ $602 \div 36 =$

확인 ＿＿＿＿＿＿＿ ,

＿＿＿＿＿＿＿

⑦ $758 \div 42 =$

확인 ＿＿＿＿＿＿＿ ,

＿＿＿＿＿＿＿

④ $816 \div 23 =$

확인 ＿＿＿＿＿＿＿ ,

＿＿＿＿＿＿＿

⑧ $652 \div 18 =$

확인 ＿＿＿＿＿＿＿ ,

＿＿＿＿＿＿＿

어려운 가로셈은 세로셈으로 바꾸어 풀자

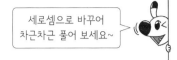

세로셈으로 바꾸어
차근차근 풀어 보세요~

✂ 나눗셈을 하세요.

① $673 \div 11 =$

② $423 \div 28 =$

③ $535 \div 16 =$

④ $854 \div 21 =$

⑤ $910 \div 72 =$

⑥ $356 \div 17 =$

⑦ $862 \div 36 =$

⑧ $582 \div 23 =$

⑨ $745 \div 15 =$

⑩ $843 \div 46 =$

❀ 나눗셈을 하세요.

① 384÷18=

⑥ 763÷44=

② 710÷59=

⑦ 983÷23=

③ 486÷15=

앗! 실수

⑧ 371÷19=

④ 852÷27=

⑨ 869÷29=

⑤ 941÷35=

⑩ 966÷17=

53 나머지가 있는 나눗셈 한번에 정리!

집중 시간
6분

❊ 나눗셈을 하세요.

❶
$48 \overline{)155}$

❷
$36 \overline{)260}$

❸
$13 \overline{)581}$

❹
$26 \overline{)708}$

❺
$47 \overline{)654}$

❻
$56 \overline{)419}$

❼
$36 \overline{)853}$

❽
$95 \overline{)453}$

앗! 실수

❾
$17 \overline{)831}$

❿
$19 \overline{)966}$

⓫
$59 \overline{)516}$

⓬
$29 \overline{)932}$

나눗셈(2) | 131

✂ ◯ 안의 수를 바깥 수로 나누어 큰 원의 빈 곳에 몫을 써넣고, 나머지는 ☐ 안에 써넣으세요.

❶

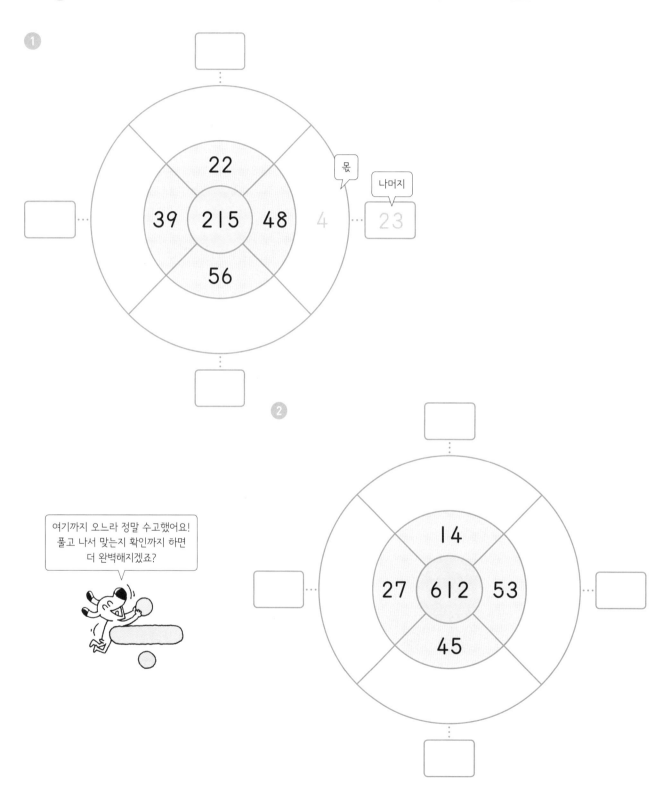

몫

나머지

여기까지 오느라 정말 수고했어요!
풀고 나서 맞는지 확인까지 하면
더 완벽해지겠죠?

❷

생활 속 연산 – 나눗셈(2)

✂ □ 안에 알맞은 수를 써넣으세요.

❶

하루에 꿀떡을 65개씩 만든다면 455개를

만들기 위해서는 □ 일이 걸립니다.

❷

4학년 학생 224명이 버스 한 대에 32명씩

타려면 버스는 적어도 □ 대가 필요합니다.

❸

호두과자 140개를 한 상자에 16개씩 포장하면

□ 상자가 되고 □ 개가 남습니다.

❹

쌀 525 kg을 한 포대에 20 kg씩 담으면

□ 포대가 되고 □ kg이 남습니다.

�֎ 로켓에 적힌 나눗셈의 나머지를 구하면 도착하는 행성을 찾을 수 있어요. 로켓이 도착할 행성을 찾아 선으로 이어 보세요.

목성	금성	지구	수성	토성
0	2	7	11	26

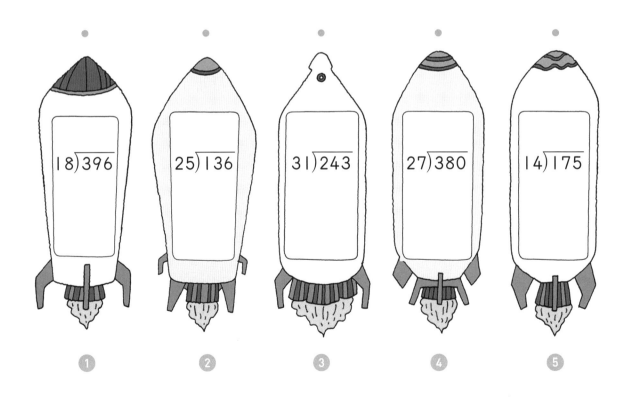

① 18)396 ② 25)136 ③ 31)243 ④ 27)380 ⑤ 14)175

끝까지 풀다니! 너 정말 멋지다~

✂ □ 안에 알맞은 수를 써넣으세요.

①

$24\,\overline{)\,168}$ □

②

$85\,\overline{)\,340}$ □

③

$24\,\overline{)\,600}$ □

④

$29\,\overline{)\,870}$ □

⑤

몫 □ … 나머지 □

$42\,\overline{)\,279}$

⑥

□ … □

$72\,\overline{)\,490}$

⑦

□ … □

$12\,\overline{)\,668}$

⑧ $219 \div 73 = $ □

⑨ $864 \div 54 = $ □

⑩ $950 \div 19 = $ □

⑪ $168 \div 26 = $ 몫 □ … 나머지 □

⑫ $433 \div 18 = $ □ … □

⑬ $155 \div 48 = $ □ … □

⑭ $932 \div 29 = $ □ … □

⑮ 보리 492 kg을 한 포대에 23 kg씩 담으면 □ 포대가 되고 □ kg이 남습니다.